乳癌瑣碎事

推薦序（一）

全球華人乳癌組織聯盟主席──王天鳳女士

　　擔任全球華人乳癌組織聯盟主席，全因自己也是「過來人」，經歷過確診時的惶恐、無助，切除一邊乳房那刻的震撼，以及治療時面對的艱辛、擔憂和焦慮，感到人生絕望，看不到明天。幸得一位無私義工的幫助，才可以走出陰霾，這份「大愛」，正是我康復後決心成為「全職」義工支援乳癌病者的動力。

乳癌治療複雜，崎嶇難行，無論是手術、化療、電療、標靶治療、荷爾蒙治療，甚至免疫治療等，均令人身心疲累，亦會帶來很大的經濟壓力；雖然完成療程後，在康復之路所隱藏的大小不同疑慮，總是不停地困擾着每一個病人，並一直期望能找到一個渠道，讓病人可以從一個地方就得到所需資訊。但遍尋群書，仍未能找到一本足夠解答所有病人心中憂慮的指南，線上資訊雖多，卻又有時難分真假，直至遇到這本由兩位醫生撰寫的《乳癌瑣碎事》。

這本書內容豐富，以坊間常用術語講解，編寫手法簡單易明，圖文並茂，從書中內容編排，能感受到兩位醫生用心去體會，及設身處地去了解乳癌病者的需要，有如親身經歷，知道乳癌病人會因哪些「芝麻綠豆」的瑣碎事而擔憂和煩惱。

正如黃麗珊醫生（Dr. Cindy Wong）在書中所説，病人看檢查報告時往往發覺自己每個字都懂，卻完全看不明白，整份醫學診斷報告高深莫測，但其實只要大家看懂幾個相關字，就可以大概明白報告的內容。Dr. Cindy 更就乳癌化療、電療、荷爾蒙治療，甚至注射補骨針、覆診時需要注意事項，細緻到每日的基本飲食、有甚麼需要戒口、如何照顧嫩滑皮膚、解答香薰治療是否有用、解構高劑量維他命 C 的迷思等，都一一解釋，內容廣泛，似是瑣碎卻又是乳癌姊妹們非常關注的話題。

周芷茵醫生（Dr. Lorraine Chow）則從外科醫生角度，令大家了解到乳癌按統計期數的五年和十年存活率、乳癌常見病徵、何謂乳房檢查三部曲，及乳癌診斷方法，包括 2D 及 3D 的分別、何時用幼針或粗針、期數如何分類、手術前檢查流程、為何除了手術切除還要淋巴切除等，讓大家認識到乳癌發展歷史及科技的進步。更重要的是，病人能明白到自己是屬於哪個期數、管腔 A 型還是 B 型、哪一種治療套餐最適合自己，看後一目了然，自己儼如半個專家。

　　在此，衷心感謝兩位醫生在百忙中抽出寶貴的時間，捨棄與家人相聚的時光，來編寫這本內容充實的乳癌書籍送給大家。這本書不單令我們增長智識，細讀時亦體會到兩位醫生對乳癌病友的關心，解答了我們即使「瑣碎」，卻非常困擾的疑慮。謹代表各位乳癌姊妹向兩位德術並優的醫生致敬！

推薦序（二）

藍詠德博士 Dr. Wendy Lam

香港大學李嘉誠醫學院賽馬會癌症綜合關護中心總監
香港大學李嘉誠醫學院公共衛生學院副教授及行為健康學分部主任
國際心理腫瘤學學會的當選董事會副主席（2021-2023）

　　如果你想知道有關乳癌的知識，《乳癌瑣碎事》是一本不能錯過的書。很多時，如果有問題，患乳癌的婦女會表示不知道該於何時詢問外科醫生，及何時詢問腫瘤科醫生。而看醫生，很多時候都是縱使有問題也不想問醫生，因擔心浪費醫生時間，又擔心問錯問題，或者不知道該問甚麼或該注意甚麼。

　　這本書由腫瘤科醫生黃麗珊及外科醫生周芷茵一起合作完成，解答了很多癌者常常遇見的問題，所以我會用「叮噹百寶袋」來形容這本書。大家一定不要錯過《乳癌瑣碎事》。

前言（一）

看得見的路

黃麗珊醫生 Dr. Cindy Wong

從確診患癌那刻開始，病人頓成「盲頭烏蠅」，不少病人希望短時間內了解自己的病情而諮詢「Dr. Google」的意見——網上充斥着大量資訊，對於沒有醫學背景的人來說，一方面消化困難，另一方面又被其他人的負能量嚇餐飽。然而，諮詢醫生的時候，又往往因為時間不足，而沒有仔細討論。前路茫茫的感覺，加上身邊那些似是而非的資訊，需作的每個大大小小的決定，都背負着巨大壓力。不少癌症病人及家人因此而受焦慮症和抑鬱症困擾，跌入情緒問題的漩渦之中。

身為腫瘤科醫生，除了「用腦」作醫學判斷，更希望「用心」照顧病人的感受，擔當他們可以信賴、依靠的夥伴。希望藉着這

本書，能夠從病人及家人的角度，多方面分析關於乳癌的不同資訊，並透過簡單的比喻和講解，增加大家對這個疾病的了解，減少因為誤會而產生的驚恐，因為腫瘤真係可以嚇死人！未開始醫病已經嚇到半死，就好似中咗腫瘤的空城計一樣，未開始打仗，就已經戰敗！

當病人患病而徬徨無助之際，就像遇上一層濃霧。醫生未必能將路變直或變長，但可以替你撥開那層霧，扶着你走那段路。縱使前路崎嶇，看得見的路總比看不見的路易行。

前言（二）

感恩・珍惜

周芷茵醫生 Dr. Lorraine Chow

我是一個幸運的人。

感恩，我能夠找到一份喜歡的工作，從來不會覺得沉悶。我愛美，喜歡做手作，又享受與人溝通。二十多年前，上天給予了我機會進入醫學院，幸運地賜我一雙靈巧的手，成就了我今天成為外科醫生。每次手術的挑戰都不一樣，每次的成功感都不能言喻。能夠把興趣融入工作的機會應該不多，自問真的是幸福。

感恩，緣分讓我有機會遇上我照顧過的病人。每位病人都有着自身的經歷，我每天就有如在看小說故事一樣。每一位的病情都教曉我多一點，每一位病人都能擴闊我的人生閱歷。累積的經驗讓我做得更好，讓我更加感恩。再者，每位病人都跟我分享很多新的觀點和體會，所以我非常珍惜我所遇到的每一位。每一位的故事都是獨一無二的，每一個故事我都清晰記得。和乳癌的治

療一樣，都是很「個人化」的。

感恩，我擁有健康。能吃、能睡、能走動，我知道這些都不是必然的，所以我會好好珍惜。小問題如饞嘴，導致膽固醇高就少不免了（笑）！擁有健康，我才可以繼續做我喜歡的工作、繼續投入，盡我所能去照顧患者。

感恩，我活着。我深信生命是上天賜予的禮物，要珍惜，並且要活得豐盛。每一天奔波勞碌，為的是要善用時間。家庭事業都能夠兼顧才可以無悔地、自豪地吶喊：「我真的活得很精彩！」Living life to the fullest，永遠是我的人生座右銘。

感恩，我有一個幸福的家庭。我有先生的認同和體諒，我倆有三個頑皮但超可愛的小孩。有時候淘氣、有時候懂事，三個各有特色。家庭和睦就是我工作的動力！也趁機要感謝我們的父母，香港這彈丸之地的可愛之處，是我們可以和父母居住得較近，「四大長老」有如上班一樣，每日幫忙照顧小朋友，讓我們可以安心工作。

感恩，我有機會跟黃麗珊醫生合作。緣分，讓我和黃麗珊醫生於二十多年前在醫學院認識，畢業後又一同入職瑪麗醫院。大家雖然在不同部門工作，卻因為每月恆常的「乳腺科多界別會議」

（Breast Multidisciplinary Meeting）而經常合作。想不到，緣分把我們牽住，晃眼就二十多年了。感恩，直到現在，我們的合作都是百分百互相信任。我們通過坦誠的溝通，常常帶着歡樂和笑聲完成任務。能夠有這樣合拍的同事，一直是我的福氣。

感恩，認識到王天鳳女士（Mary），一個非一般的乳癌康復者。一個天生的領袖，好像有用不完的毅力。這本書最重要的幕後功臣就是 Mary，因為她無私的付出和奉獻，帶領全球華人乳癌組織聯盟發展得有聲有色，讓無數的病友姊妹得到需要的援助。我很慶幸也可以出一分力，希望組織能夠繼續運作順利，而康復的姊妹也加入義工團，造成漣漪效應，幫助更多病友。

感恩，黃麗珊醫生和 Mary 邀請我幫忙撰寫《乳癌瑣碎事》。感恩大家包容我的中文文筆和效率。我最大的心願是，可以讓乳癌患者、康復者和照顧者在閱讀過這本書後，都能夠得到有需要而有用的資料。希望他們了解多些自己的病情和治療方針，紓解他們的徬徨無助之感。更希望藉此書提醒他們：乳癌並非不治之症！以鼓勵他們勇敢面對，渡過難關。

最後，我想將這本書獻給我的嫲嫲和婆婆——兩位年過九十但依然精精靈靈的銀髮老友記。沒有她們，就沒有今天的我。

目錄

推薦序 |

    （一）全球華人乳癌組織聯盟主席——王天鳳   002

    （二）藍詠德醫生 Dr. Wendy Lam   005

前言 |

    （一）看得見的路——黃麗珊醫生 Dr. Cindy Wong   006

    （二）感恩・珍惜——周芷茵醫生 Dr. Lorraine Chow   008

Chapter 1 乳癌概況 | 015

Chapter 2 乳癌教室 | 025

手術篇   026

    診斷乳癌   028

    術後照顧   044

    手術重點   046

零期乳癌   073

系統性治療   079

    輔助治療   079

    術前治療   080

不同屬性的乳癌治療 084

如何評估是否需要術後化療？ 086

系統性治療類型 093

化療以及標靶的副作用及處理方式 097

化療前的準備 108

化療期間服用中藥的困惑 116

術後輔助化療新動向——荷爾蒙受體陽性乳癌 118

電療篇 122

輻射如何治療癌症？ 122

電療前、中、後皮膚護理方法 124

不同的電療技術 132

電療後宜忌 139

荷爾蒙治療篇 141

關於乳癌藥物 143

何時需要注射補骨針？ 148

需要注射停經針嗎？ 152

年輕乳癌病人須知 154

最新治療資訊 160

轉移性荷爾蒙陽性乳癌最新治療指引 160

HER2 受體陽性擴散性乳癌治療藥物的演變及 163
最新治療資訊

擴散性三重陰性乳癌病人治療須知 170

公立醫院病人乳癌藥物支援服務 175

完成所有治療後之注意事項 183

複診要達到的目標 183

認識更多淋巴水腫 188

Chapter 3 乳癌問答 | 197

如何預防乳癌？ 198

癌症病人的飲食指南 206

黃豆的迷思──增加癌症復發機會？ 212

治療期間的飲食禁忌 223

高劑量維他命 C 能否抗癌？ 226

哪種菇菌芝類最適合乳癌病人？ 231

癌症病人能否服用褪黑激素？ 235

癌症病人扮靚靚之防曬攻略 239

癌症病人可否使用醫美療程？ 241

癌症香薰治療有用嗎？ 243

常做運動，助康復，減復發 248

身體檢查、驗血篩查腫瘤可行嗎？ 251

Chapter 1 乳癌概況

以下為香港癌症資料統計中心提供的資料及相關圖表：

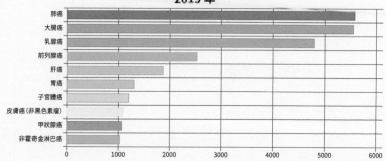

香港十大癌症（整體的新症數目）
2019 年

肺癌
大腸癌
乳腺癌
前列腺癌
肝癌
胃癌
子宮體癌
皮膚癌(非黑色素瘤)
甲狀腺癌
非霍奇金淋巴癌

0　1000　2000　3000　4000　5000　6000

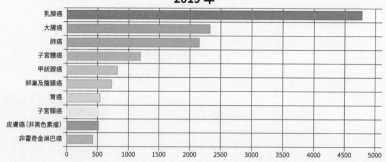

香港十大癌症（女性的新症數目）
2019 年

乳腺癌
大腸癌
肺癌
子宮體癌
甲狀腺癌
卵巢及腹膜癌
胃癌
子宮頸癌
皮膚癌(非黑色素瘤)
非霍奇金淋巴癌

0　500　1000　1500　2000　2500　3000　3500　4000　4500　5000

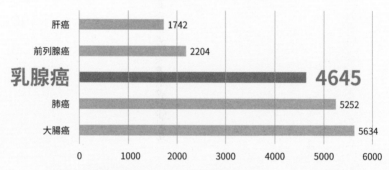

香港五大常見癌症－ 不分男女
香港癌症確診個案 (2018 年)

癌症	個案數
肝癌	1742
前列腺癌	2204
乳腺癌	**4645**
肺癌	5252
大腸癌	5634

乳腺癌是香港**第三大**常見癌症
女性常見癌症排第一位

統計數據參考於香港癌症資料統計中心 (數據更新至 2018 年)

　　在 2019 年，女性入侵性乳腺癌新症個案按年上升 3.1% 至 4761 宗。同年亦錄得 737 宗乳腺原位癌（即乳腺癌零期）新症個案，按年上升 10%。

乳癌個案持續增加

2005-2019 年女性乳腺癌發病及死亡率趨勢

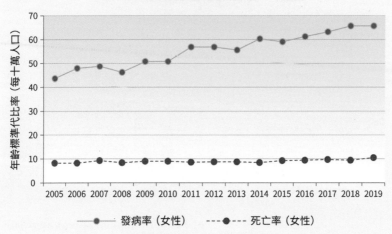

發病率（女性）　　---●--- 死亡率（女性）

在香港乳癌是否普遍？

- 每 **14 名** 婦女中，就 **1 人** 在一生中罹患乳癌
- 每天平均 **13 名** 女性被診斷患上乳癌
- 每星期平均 **16 名** 女性死於乳癌
- 女性患者為主的乳腺癌新症 10 年間急 **升76%**
- 超過 **9 成 4** 乳癌患者為 **40 歲或以上**；年紀愈大，風險愈高

資料來源：香港癌症資料統計中心

在香港乳癌是否普遍？

- 本港乳癌確診年齡中位數為 **57 歲**，明顯較美國的 61 歲和澳洲的 62 歲年輕

- 年輕化趨勢，由集中在 60 歲以後發病，**提早至近 40 歲**

- 相信與港人**生活習慣轉趨西化**有關，其中包括跟隨西方飲食習慣，加上本港女性**普遍遲婚及遲生育**，是患乳癌的誘因之一

資料來源：香港癌症資料統計中心

常見乳癌高危因素

風險因素	相對風險
直系親屬乳癌病史	2.0 倍
良性乳腺疾病歷史	1.6 倍
從未生育	1.6 倍
第一次生產年齡 (≥30 歲)	1.5 倍
體重指標 (>23 公斤 / 平方米)	1.4 倍
初經年齡 (≤11 歲)	1.2 倍
缺乏體能活動	1.1 倍

參考資料：

http://www.chp.gov.hk/files/pdf/ncd_watch_march_2021_chin.pdf/

預防之道
「及早發現・治療關鍵」

早期乳癌	✓ 存活率近乎 100%
	✓ 治療較簡單，無需接受化療
	✓ 減少身心創傷和醫藥費用

按期數分布相對存活率：2010-2017 年乳腺癌患者

下表列出在 2010-2017 年間確診不同期數的乳腺癌患者總人數和五年相對存活率：

期數	確診人數	五年相對存活率
第一期	8,991	99.3%
第二期	10,092	94.6%
第三期	4,449	76.2%
第四期	2,267	29.8%
未能分期	2,669	66.5%
所有期數	28,468	84.0%

政府有關乳癌普查的最新指引（2021 年 2 月修訂版）：

✓ 不建議將乳房自我檢查作為無症狀婦女的乳癌普查的工具，建議女性應保持注意自己的乳房（要熟悉自己乳房的正常外觀及感覺），如果出現可疑症狀就需要立即求醫。

✓ 沒有足夠的證據建議使用臨床乳房檢查或乳房超聲檢查，作為無症狀乳癌的普查工具。

✓ 建議採取基於乳癌風險組別的癌症篩查方法。

乳癌普查

高風險組別

需要每年向醫生諮詢並做乳房 X 光檢查。

- BRCA1/2 基因病變之攜帶者

- 家族史有乳癌或卵巢癌之風險：
  - 任何一位直系親屬帶有 BRCA1/2 基因病變
  - 任何一位直系或次直系女性親屬同時患上乳癌或卵巢癌
  - 任何一位直系女性親屬曾經患有兩邊的乳癌
  - 任何一位男性親屬患有乳癌
  - 多於一位直系女性親屬患有乳癌而其中一位在 50 歲或之前確診
  - 多於一位直系或次直系女性親屬患有卵巢癌
  - 多於兩位直系或次直系女性親屬患有乳癌或卵巢癌

- 個人高風險因素：
  - 10 至 30 歲期間曾經接受胸腔放射治療（例如：何杰金氏淋巴瘤 Hodgkin's disease）
  - 有乳癌病史（同時亦包括 0 期 -DCIS）
  - 曾經患有非典型乳腺增生（ADH-atypical ductal hyperplasia）或者非典型小葉增生（ALH-atypical lobular hyperplasia）

乳癌普查

中度風險組別

建議與醫生討論乳癌篩查的利與弊後開始每兩年進行一次乳房 X 光檢查。

- 家族史中有一位直系女性親屬在 50 歲或之前患上乳癌

- 家族史中有兩位直系女性親屬在 50 歲後患上乳癌

乳癌普查

一般風險組別

建議與醫生討論乳癌篩查的利與弊後開始每兩年進行一次乳房 X 光檢查，亦可考慮使用乳癌風險評估工具來制定個人化之篩選方案！

- 一般年齡介乎 44 至 69 歲而具有乳癌風險因素之女士：
  - 家族曾經有人患上乳癌
  - 曾經患上良性乳房問題
  - 從未試過生育／高齡生育
  - 提早有初經
  - BMI 過高
  - 缺乏運動

根據以上圖表，我們大概能知悉乳腺癌目前在香港的概況，而政府的癌症網上資源中心，也有提供乳癌風險評估工具供市民填寫作初步評估。而評估的前言也寫道：

　　「乳癌是本港婦女最常見的癌症，大概每 14 名香港婦女便有 1 名確診入侵性乳癌，罹患入侵性乳癌的終生風險平均值約為6.8%。話雖如此，6.8% 的數字並非你個人的風險值。你可通過個人化的乳癌風險評估工具，了解個人風險以便與醫生一起就乳癌預防及篩查作出知情的決定。

　　由香港特別行政區政府委託香港大學公共衛生學院進行的香港乳癌研究，分析了本地數據，作為研發乳癌風險評估工具（下稱『評估工具』）的基礎。評估工具用以評估本地華裔婦女罹患乳癌的風險，並獲確認適用於香港華裔女性。

　　根據香港乳癌研究結果及其他現有的實證，癌症事務統籌委員會轄下的癌症預防及普查專家工作小組修訂了其他一般婦女的乳癌篩查建議。年齡介乎 44 至 69 歲而有某些組合的個人化乳癌風險因素的婦女，其罹患乳癌的風險增加，應考慮每兩年接受一次乳房 X 光造影篩查。專家工作小組亦建議採用為本港婦女而設的風險評估工具（例如由香港大學所開發的工具），按照個人化

乳癌風險因素，包括初經年齡、第一次生產年齡、直系親屬（母親、姊妹或女兒）乳癌病史、良性乳腺疾病歷史、體重指標及體能活動量，評估她們罹患乳癌的風險。

　　值得注意的是，對於專家工作小組歸類為罹患乳癌風險達中至高水平的婦女，評估工具無法準確評估其患上乳癌的風險。就此，專家工作小組作出了建議。」

參考資料：

https://www.cancer.gov.hk/tc/bctool/index.html/

Chapter 2 乳癌教室

手術篇 |

　　乳癌，一個令人聞風喪膽的字眼，也是一個令人有諸多誤解的詞語。但不得不承認，乳癌實在與我們息息相關，過去 19 年，乳癌已經成為香港女士的首位癌症；在香港，每 14 位女士就有一位一生人會有機會罹患乳癌。了解多點，對患者、照顧者，及普羅大眾都有幫助。

　　多個研究已經證實，早期乳癌的根治機會遠比晚期優勝，譬如原位癌，只要透過手術，將癌細胞徹底切除，復發率差不多等於零；一期乳癌的五年存活率近乎 100%（意指根據過去統計資料，在一群病況類似的病人中，有100%的人在罹病達五年之後仍然活着），而且早期乳癌需要透過化療醫治的機會也較低。所以，醫生都希望能夠幫助病人在早期診斷出癌症——而及早診斷的關鍵，就是做定期乳房普查，有病徵就及早就醫。

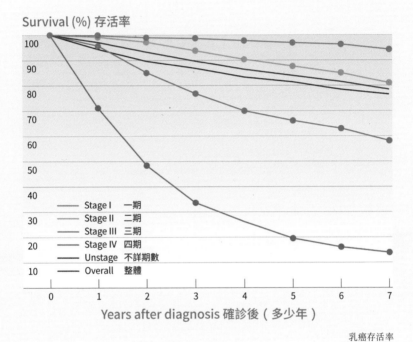

Survival (%) 存活率

	Stage I	一期
	Stage II	二期
	Stage III	三期
	Stage IV	四期
	Unstage	不詳期數
	Overall	整體

Years after diagnosis 確診後（多少年）

乳癌存活率

　　很多病人都試過乳房痛楚，譬如針刺的感覺、脹痛、乳頭閃電痛等等。有不適，當然要求醫，但原來乳房痛楚跟乳癌的關係比較少，很多良性的因素都可以引致痛楚，但都切記要找醫生檢查清楚。那麼，大多數人是怎樣發現病徵，甚至是乳癌的呢？

診斷乳癌

在香港，乳癌最常見的病徵包括：

· 無意間發現無痛硬塊（92.7%）

· 乳頭凹陷／不對稱（2.1%）

· 乳頭出血／有分泌物（5.3%）

· 皮膚變化（橙皮紋變化）／紅疹（0.2%）

· 腋下有腫塊（0.6%）

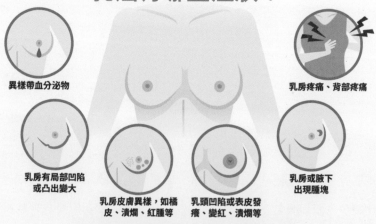

乳癌常見病徵

當病人發現病徵，首先求診的，最常見包括外科醫生、家庭醫生、婦科醫生、腫瘤科醫生，甚至直接找放射科醫生；也聽說過有病人以為是心臟或肺部有問題，故看了心臟／肺科醫生。

最重要的是，當病人有任何乳房病徵，尤其是懷疑患上乳癌的話，必須完成乳房檢查三部曲：

臨床檢查：問診、觸診

影像檢查：造影／超聲波／磁力共振

病理化驗：抽針化驗（粗針／幼針）

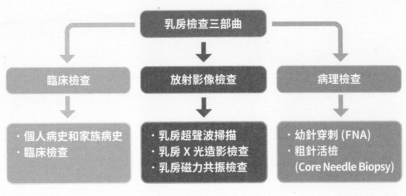

乳房檢查三部曲

臨床檢查 |

病人首次會診，醫生都會了解清楚病人的詳細病歷，包括病徵、長期病患、手術和藥物歷史等。對於乳癌來說，個人和家族歷史同樣重要，有時候可能要畫家族圖譜，以便日後跟進。

來讓我們分享一下病人常常覺得跟患病有關的病歷——

常吃雞肉，尤其是雞翼——許多研究報告已經證實，乳癌不一定跟吃雞肉有關；而傳統幫雞隻打針的部位是頸部，不是翅膀。

「家裏沒有家人有乳癌，我都不會有吧？」——香港乳癌資料庫研究顯示，有家族史的乳癌患者佔所有患者的 17.1% 而已。

佩戴有鐵圈的內衣，導致患癌——這是沒有科學根據的，甚至良性的乳房腫瘤都沒有證據證明與內衣有關。

硬塊不痛應該不是壞東西，一般癌症都是讓人痛苦的——如上所述，乳癌初期，九成多是沒痛楚的。

雖說乳癌跟家族史沒關係的佔大多數，但遺傳基因也跟乳癌息息相關，譬如乳癌基因突變帶有者罹患乳癌和卵巢癌的機會會提高。如果透過病歷得悉有機會是高危人士，可以考慮在治療前進行基因輔導和基因測試——透過血液檢查診斷出來的話，可能會

對治療計劃有幫助，例如乳房手術的選擇和有否需要考慮切除卵巢等。

影像檢查 |

乳房造影（Mammogram）

乳房造影，香港普遍稱之為「夾胸」，檢查過程會將每邊乳房分別按壓於儀器板之間（物料是金屬鉬，所以乳房造影又稱為「鉬靶」），然後照 X 光，而且會在每邊乳房拍攝兩個角度，乳房組織就會在黑白底片上呈現出來。部分早期癌症還未成形前，可能已經留有因新陳代謝產生的「腳印」，就是我們常常聽到的鈣化點。就算鈣化點只有塵埃般大小，造影都有機會發現得到；而這些早期腫瘤通常都未有病徵，透過偵測及早發現，期數也相對會較早，根治成功率也大大提高。

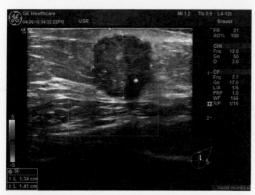
乳房超聲波

　　隨着科技發達，3D 乳房造影日漸普及，檢查過程跟傳統 2D 造影相似。但由於鏡頭可以稍為轉動，底片質素比 2D 優越，按壓時間較短，按壓力度也較少，普遍比較舒適，準確度較高；由於高清的關係，拍片次數減少、誤鳴（假陽性）機會減低，有助減少不必要的入侵性檢查。

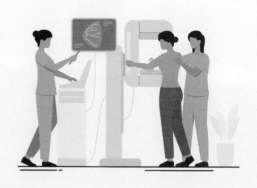

若病灶（即病的發源處）是透過乳房造影找出，因太微小的關係，摸不到也看不到，通常連超聲波也偵測不到。如要獲得細胞診斷，抽針化驗就必須要利用乳房造影定位，才能夠準確地抽出病灶細胞作病例化驗。

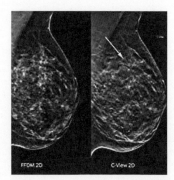

2D Vs 3D 乳房造影
（圖片來源：癌症資訊網）

乳房超聲波（Ultrasound Breasts）

　　對於超聲波，大家都應該耳熟能詳，超聲波應用範圍廣、方便簡單、沒入侵性、沒有輻射，能用作初步評估、帶引抽針，實在是乳房外科醫生的好朋友，就像是心臟科醫生的聽筒一樣。而且，雖然乳房造影能看到像塵埃一樣小的早期乳癌，但由於腫瘤特性不一，有一部分的乳癌反而用造影偵測不到，特別是亞洲人的乳房密度較高，所以超聲波的角色還是很重要的。

乳房超聲波

乳房磁力共振（Magnetic Resonance Imaging (MRI) Breasts）

磁力共振的優勢是不會用到 X 光，跟電腦掃描不一樣，是完全沒有輻射的。乳房磁力共振的檢查過程遠比造影和超聲波長，可能需要差不多一小時；過程當中，病人面向下，躺在磁力共振床上。床上有特製空間讓乳房垂下，藉着地心吸力，讓乳房和胸肌距離拉長，有助看清楚乳房結構，加上運用不同顯影劑，突出脂肪和水分含量高的組織，從而凸顯有問題的病灶。所以，磁力共振比造影和超聲波更準確。

既然準確度高，為何不是常用呢？

因為磁力共振的誤鳴（假陽性）機會稍為高一點，有時候，良性病灶也會被誤以為是惡性，而且檢查時間長一點、不適多一點、費用也較高，所以乳房磁力共振一般是在特殊情況下才會使用，譬如：

· 傳統檢查得不到結論，如病人明顯摸到硬塊，但造影和超聲波沒有發現。

· 高危病人，如遺傳性乳癌基因帶有者。

· 特殊類型的乳癌，例如小葉癌（Lobular Carcinoma）、非典型導管增生（Atypical Ductal Hyperplasia）等。

如果病灶只是靠磁力共振發現，定位方法就可能必須要磁力共振帶引，方法跟 X 光或超聲波帶引大同小異，但病人就需要面朝下，躺在磁力共振儀器上進行。而身體上有金屬植入物及閉室恐懼症的患者，就不適合做磁力共振檢查了。

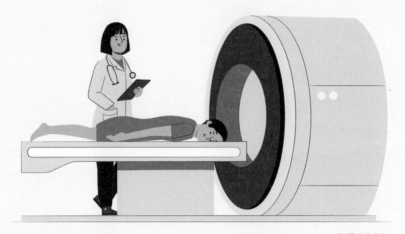

乳房磁力共振

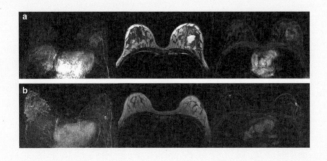

病理化驗 |

病人都可能會問，照完不同影像檢查，還不知道是否有問題嗎？原因是，癌症和良性病灶有林林總總不同型態的大小，影像已經初步分辨了病灶的可疑程度，就算病灶很醜，也可能因為其他可能性，譬如發炎；就算病灶只有十分一機會是癌細胞，都有需要排除。所以，化驗是非常重要的一環。

而這個段落最重要的訊息是，抽針並不會刺激細胞變惡或令癌細胞擴散，也不如想像中可怕，所以如果醫生建議，最好檢查清楚比較安全。

抽針 |

以上介紹過可以用不同的放射方法（造影／超聲波／磁力共振）指引抽針，其實目標都是要精準地取得病灶內的樣本，以便作出病理診斷。

幼針（Fine Needle Aspiration Cytology）

幼針穿刺，是使用日常抽血用的針，由於針較幼，一般不需要用麻醉藥。當醫生將針刺進病灶後，就會把針筒向後拉，製造真空效果，拉出細胞。細胞會存放於特別的溶液內送往化驗。病

理科醫生會把細胞過濾，放在玻璃片上，經處理後可以在顯微鏡下看清楚細胞。

幼針抽出來的細胞通常保留不了正常結構，只可以分辨出細胞屬良性還是惡性。另外，由於針只有1毫米粗，獲得的細胞量較少，有時甚至不足夠作出診斷，並出現化驗不夠準確的問題。

幼針穿刺常用於水囊、淋巴結的化驗，或者是良性機會較高的病灶等。如影像甚為可疑，粗針普遍是較理想的選擇；而幼針通常用於懷疑患乳癌的病人身上，通常都是腋下淋巴——淋巴有否感染，直接關係到治療計劃，角色甚大。

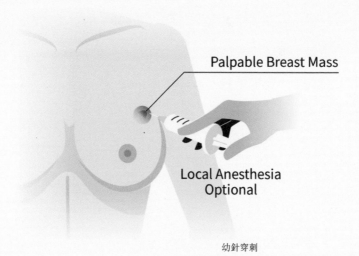

Palpable Breast Mass

Local Anesthesia
Optional

幼針穿刺

粗針（Core Biopsy/Trucut）

粗針，聽起來頗嚇人，其實只要配合局部麻醉劑，痛楚程度一般都是可以接受的。注射局部麻醉劑的針，比抽幼針的針還要幼，麻痺了的皮膚通常感覺不到痛楚，經過影像指引，將針帶到病灶內，抽出樣本，通常在病灶不同部位會抽出數條組織。如果要抽的是鈣化點，抽出來的樣本也會照 X 光，以得知標本內包含需要的鈣化點，準確度就更高了。

抽粗針的傷口大概 2 至 3 毫米左右，貼幾天膠布就會癒合，標本也會送往化驗室以供病理科醫生化驗清楚。由於標本可能有幾毫米粗、幾公分長，準確度不但高，也可以化驗出乳癌的種類、有否浸潤性，有助決定治療方針，例如術前化療等。

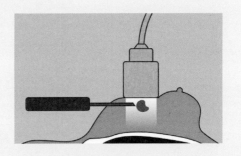

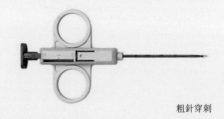

粗針穿刺

真空抽針（Vacuum-assisted Biopsy）

　　真空抽針比粗針化驗獲得的標本分量更多，所以更準確。針的大小，比粗針略為粗，所以必須先使用局部麻醉劑。真空抽針適用於任何影像帶引方式，用途廣泛。

　　乳房造影定位抽針（Stereotactic-guided Biopsy）／真空抽針（Vacuum-assisted Biospy）均為常用的乳房細胞診斷方法。病灶那邊的乳房會於整個抽針過程放於乳房造影機上，按壓着進行，病灶位置會用多角度瞄準，決定好位置就會在皮膚注射局部麻醉劑。抽針儀器就會經麻醉了的皮膚，進入乳房，到達病灶位置，抽取樣本。

粗針化驗樣本（醫生提供）

儀器經麻醉後的皮膚經影像帶引進入需要化驗的病灶內，儀器於外面連接吸力，形成真空，病灶就被拉近真空針。啟動後，摩托就會轉動，內裏的抽樣格就會反覆開合，病灶就被抽樣格的刀片切成條狀的標本，再被真空的吸力抽出。儀器也在反覆開合期間旋轉，病灶的不同部分都可以抽到。

最後，樣本會先用作拍一張 X 光底片，以便確定需要的病灶（多數是鈣化點，所以 X 光看得見）已經包括在標本內，才送往病理化驗，可靠性就高許多了。如使用真空抽針，過程最後會在已抽針的位置經過抽針儀器，放入一個定位標（Marker）。定位標通常是一些很穩定的物料，不會令身體起排斥反應，也不會干擾金屬探測器，所以不必擔心旅行時被海關人員扣查。

定位標有兩大功用——

· 如病理化驗證明病灶要動手術，定位標就發揮術前定位作用。

· 如病例化驗屬良性，定位標就令日後的跟

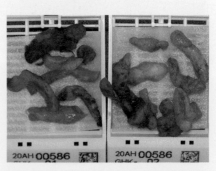

真空抽針樣本（圖片來源：周芷茵醫生提供）

進更容易比較，及準確定斷病灶是否穩定。

曾經有病人分享過，等候化驗報告是她一生人中最難過的幾天，因為明明知道影像報告欠佳，但抽針化驗報告通常要幾天後才有。心情就好像熱鍋上的螞蟻，極度忐忑徬徨。

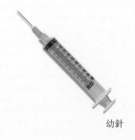
幼針

當醫生告知病人患癌，病人要一下子接受，實在不容易，而醫護人員的角色就是帶領和陪伴大家渡過難關。治療要成功，就需要醫患配合。

粗針

可能病人已經透過身邊人的經歷，對癌症有一定的認知，或是現今資訊發達，病人已經尋求了「Dr. Google」的意見（比喻病人自己上網搜集了大量資料）。有心理準備當然是好事，但先入為主可能都有反效果，而且網上資訊未必跟患者的病情吻合，治療必須要最適合患者，才能夠事半功倍。

真空抽針

定過神來，患者通常會問：「醫生我現在第幾期」、「有無得醫」、「係咪會好辛苦」、「我仲有幾耐命」……我們不斷重申，乳癌是根治率高的病，而且治療選擇多，如果無論如何都要面對的話，不如正面、樂觀地面對，不要讓自己受苦，終日愁雲慘霧吧。

其他診斷工具 |

期數，是其中一個重要的分類，不同期數的存活率有其分別，而得知期數，也有助預計成功率和設計治療。

根據 TNM 期數分類的話，指標包括：

· 腫瘤大小（Tumour, T）

· 鄰近淋巴感染程度（Node, N）

· 遠距離擴散（Metastasis, M）

分開檢查不同器官，也可以得出期數，譬如肝臟超聲波、肺部 X 光片等，但快而準地知道全身狀況的話，正電子掃描（PET Scan）就方便許多了。

動手術，對於普羅大眾來說，通常都會覺得非常「大陣仗」，但手術可以說是乳癌治療最重要的其中一環，所以必須要多加了解，才能作出最適合、最安全的選擇。

確診／術前評估

　　有關治療乳癌的研究日趨成熟，配合「多界別治療」（Multi-Disciplinary Management），治療成功率大大提高，令人鼓舞；手術將腫瘤切除，有需要時，淋巴手術也會同時進行，除了對於根治來說是必須之外，也提供重要的資料供計劃病人的輔助治療。所以，以上講解的檢查和評估都不可缺少。

手術風險

　　隨着科技進步，乳癌手術的創傷已大大減低。但是，任何手術，甚至小如表皮脂肪瘤切除的小手術，也有一定的風險，譬如傷口流血、感染、敏感等。一般來說，乳房手術算是傷口感染機會非常低的手術（其他如大腸手術，由於要碰及大便，傷口感染的機會就大許多了）。相比起內臟的手術，乳房手術本身的風險實在頗低，整個手術風險主要來自麻醉方面。

麻醉風險

　　乳癌手術雖然不牽涉內臟，但大部分都是全身麻醉進行，好讓病人在沒有知覺期間順利進行手術。全身麻醉，對於健康良好的病人來說，安全程度超過 99%，手術後噁心、嘔吐等情況都不算常見。但是，由於病人在麻醉期間，心跳和呼吸都波動，如果病

人本身有長期病患，尤其是心肺問題、有中風病史、患有腎病等，使用麻醉藥就有機會增加併發症的風險，例如手術後積痰、引致肺炎、心臟病發、中風、腎衰竭等。所以，麻醉科醫生在手術前的評估非常重要，必須確保用藥方面得以調整。

近年，麻醉方式也有不同突破，有些乳癌手術可以用神經線阻斷術（Nerve Block）加局部麻醉下進行，避免了全身麻醉，病人患肺炎或心臟的風險就得以減低，令許多本來動不了手術的病人重新獲得考慮。

術後照顧

對於動手術，大部分病人都害怕痛楚，但多方面研究均證明，乳房手術後的痛楚，相對於其他癌症手術，差不多屬最低，通常口服止痛藥已經足夠有餘，我們熟悉的撲熱息痛（Paracetamol）配合低劑量消炎止痛藥（Non-Steroidal Anti-inflammatory Drugs, NSAIDs）是最常用的配搭；就算是重整手術，通常也只是手術傷口和引流造成不便，尤其是肚皮手術後會有繃緊的感覺，但痛楚一般是可以接受的。

另外，病人也常常害怕手術後的痛楚難以抵擋，但其實大部分術後病人，服用普通口服止痛藥已足夠有餘，一般在術後當天

或後一天已可以下床走動。當然，個別手術例如重整手術，康復就緩慢一點。

　　病人常常問手術前後要否戒口，也難怪，這是一貫中國人的傳統觀念。其實只要均衡飲食，多攝取蛋白質，通常傷口都癒合得很理想，無需要進食大量補品。再者，許多補品或中藥也有可能影響血小板、肝功能等。由於每個病人的體質都不一樣，對傷口復原可能造成反效果，所以一般都不會建議病人於手術前後特別戒口或吃保健品，到傷口差不多完全癒合後，或完成了整個電療／化療療程後，才慢慢找合資格中醫師調理也不遲。

傷口護理 |

　　許多患者都會問傷口有否需要拆線——答案是：由外科醫生決定。但是，自然溶掉的物料在乳房手術已經非常普及，病人可以放心，就算要拆線，也只會是有輕微的不適而已。

　　術後，傷口會慢慢癒合。而當病例報告預備好，通常病人就要應付下一關的挑戰——電療或化療等。所以，我們非常鼓勵病人多練習柔軟肩膊的運動，以減低傷口帶來的拉扯感覺，也有助日後復原和減少長期痛症。

手術重點

　　手術成功的因素，要從腫瘤、外觀和後遺症方面出發。女士確診乳癌時往往方寸大亂，而乳癌手術的選擇也不止一種，所以必須根據病情、個人意願和安全程度跟主診醫生商量，以作出最適合的決定。因此，必須要了解手術多一點，好讓大家作出最適合的選擇；而手術最重要的，是在以下要素取得平衡：

　　· 治療最佳效果

　　· 外觀

　　· 減少復發率

　　乳癌的根治和存活率，尤其是早期乳癌，都頗理想，就拿一期乳癌為例，根據香港乳癌資料庫，只要配合根治性的治療，五年存活率差不多 100%。通過乳房保留手術／乳房重建手術保留乳房型態，讓康復者能夠安全地把腫瘤連根拔起之餘，也能保留理想的體態，讓她們在日常生活和社交生活上更有自信。

　　醫學上，我們會將乳癌手術分為兩部分：

　　· 乳房手術

　　· 淋巴手術

而不同的兩部分會根據多種因素組合，所以乳癌的治療能夠
「個人化」就最理想；所以，有病人除了得到外科醫生的評估以外，
也需要腫瘤科醫生在手術前提供意見。

不同乳癌手術組合

雖然乳癌手術在浸潤性癌（Invasive Carcinoma）和原位癌
（In-situ Carcinoma）都務求將癌細胞一網打盡，但在原位癌手術
上，淋巴手術可以選擇性進行，並必須向主診醫生了解清楚。

值得重複提醒的是，乳房手術未必可以令術後化療／藥物治療
得以豁免，而有不少患者還保留「全切除後不需要接受電療／化
療」的觀念，但其實主要取決於其他影響乳癌復發風險的因素，所
以未必跟手術模式有直接關係。

乳房手術 |

科技發達，越來越多人知道癌症並非不治之症，但女士對乳癌
的恐懼往往來自要面對外觀上的改變。乳房的真正功能，是生小孩

後哺乳用，但是，這也是代表女性的重要器官，甚多病人分享到乳癌治療路上的困難，皮肉之苦往往微不足道，令病人最難受的，是如何面對心理創傷、面對伴侶、覺得自己不完整等壓力。如果能選擇一個所有要點都可以共存的方法，病人的心理質素能得到改善，長遠而言，對於戰勝癌魔也有一定幫助。

乳房部分，重點是徹底切除腫瘤，而在切除當中，保留餘下乳房組織與否、即時造重塑乳房與否，正是幾種手術不同的部分。

全乳房切除（Mastectomy）

根據香港乳癌資料庫資料顯示，於香港確診乳癌的患者當中，約六成多的患者選擇接受全乳房切除，比例比西方國家高。

第一代的全乳房切除，甚至需要將胸肌一併切除（Halsted's Mastectomy），患者承受大量後遺症，活動能力受損。改良後的全乳房切除（Modified Radical Mastectomy）或簡單全乳房切除（Simple Mastectomy）大大改善了復原速度、手臂活動能力、痛楚和外觀，除了輕微調整外，就一直沿用至今。

· 做法：外科醫生會將乳房、乳頭和乳暈、腫瘤和乳房凸出的皮膚一併切除，取而代之的，就是一個橫向的疤痕。即時重整也可以在全乳房切除手術後立刻進行，但切除時保留較多皮膚（Skin-

Sparing Mastectomy），可能的話也會保留乳頭（Nipple-Sparing Mastectomy），以便塑造新的乳房。

適合人士：患多發性乳癌（Multifocal Disease）、腫瘤佔乳房體積超過 25% 至 30%、按個人意願及長者等。

好處：電療非必須，日後不必進行造影檢查。

壞處：外觀問題——要使用義乳、感到繃緊和麻痺、心理質素和自信的問題等。

值得一提的是，全乳房切除並不能避免術後化療／口服藥，這些治療已然根據腫瘤類型決定；但全乳切除的病人不一定要接受電療，除了因為腫瘤太大，還有機會侵略皮膚／肌肉，或淋巴受感染。

全乳房切除

乳房保留手術／局部切除術

手術中，腫瘤必須完整切除，包括原位癌和浸潤性乳癌的部分。局部切除的目的是保留患者的外觀，但切記，腫瘤徹底切除依然優先。局部切除，一般建議切除乳房四分之一以下體積的腫瘤——腫塊切除（Lumpectomy）或象限切除（Quadrantectomy）；

否則，乳房就有機會明顯變型，沒有了外觀的優勢。

適合人士：單獨病灶（Solitary Lesion）、腫瘤佔乳房體積不超過 25% 至 30% 者、乳房較豐滿的患者。

好處：外觀優勝、傷口較小、復原較快。

壞處：定期檢查，包括乳房造影；同一邊再患乳癌的機會比全切除高。

局部切除有幾個重要條件：

· 切除前，必須透過乳房影像，如造影或磁力共振，確保不符合多發性病灶，而腫瘤佔乳房體積不超過 25% 至 30%；

· 切除後的病例報告，必須要有足夠邊界或「紙口」（Margins）；

· 術後要配合電療。

如病人有以下問題，就可能不適合做局部切除手術，必須跟主診醫生商量：

· 胸腔曾接受電療，例如肺癌、淋巴癌、乳癌；

· 同一乳房多於一個病灶，而位置相距較遠；

· 曾接受局部切除，但邊界依然佈滿癌細胞；

· 患有嚴重結締組織疾病（Connective Tissue Disease），而不適合接受電療的患者；

· 孕婦，不能夠接受電療；

· 腫瘤大，不適合做前置化療（例如：大範圍的原位癌）。

如切除的範圍太大，有時候局部切除後也可以進行小型重建。而且，隨着技術進步，以往被認為不適合進行局部切除的病人，譬如腫瘤在乳頭附近，一般都會被建議全切除，但現在都有機會可以保留乳房。

冷凍切片（Frozen Section）是於手術期間做的快速病理檢查，標本會急凍，使其硬化，較容易處理；然後，病理科醫生會立刻初步化驗樣本。自從冷凍切片於局部切除手術期間越來越普及，因邊界不清而要再做手術的機會，也於近年大大減低。

術前定位（Pre-operative Localisation）

許多外科醫生都會慣常地在手術室用超聲波幫助定位——只要腫瘤是超聲波能夠偵測得到的。

令人鼓舞的是，乳健意識和定期乳房普查漸趨普遍，患者在

沒病徵的情況下確診的乳癌通常較早期，根治率比晚期發現理想。但是，若因病灶沒病徵而只能在乳房造影（Mammogram）找到，而病人又想施行乳房保留手術的話，就需要有準確的方法將病灶定位，好讓手術期間能在立體的乳房內將癌細胞連根拔起。常見的定位方法包括鉤針（Hookwire）、植入式種子如磁種子／標籤（Localisation Markers）、同位素定位（Isotope-Radiological Occult Lesion Localisation）等。

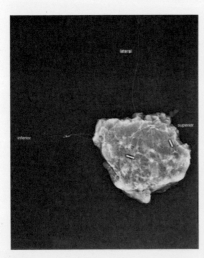 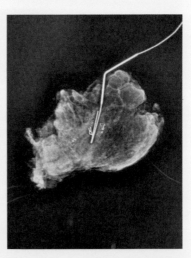

磁種子定位手術標本之 X 光片，病灶（鈣化點）已完整切除且邊界乾淨。（圖片來源：醫生提供）

鉤針定位方法，針頭準確地指在病灶中央點。（圖片來源：醫生提供）

整型式乳癌切除手術（Oncoplastic Surgery）

局部切除的美觀，通常受以下幾個因素影響：

· 病人乳房大小

· 腫瘤大小

· 腫瘤位置

普通局部切除，就是簡單將傷口縫合，有機會有下陷、拉扯、乳頭不對稱的問題；整型式乳癌切除手術，善用矯形技術的原理，借用乳房其他部位的組織填補局部切除的缺陷，縱使是腫瘤較大，本來未必可以進行局部切除的患者，也有機會可以保留乳房。

	全乳房切除（包括重整與否）	局部乳房切除
適合患者	多發性腫瘤 乳房相對腫瘤比例較小 局部切除後同邊復發 個人意願	腫瘤較小 或乳房相對腫瘤大小較大 單一腫瘤
康復時間	平均多於兩個星期 會放引流	較快
存活率	一樣	一樣
局部復發風險	相若	相若
電療	個別情況	必須
好處	有機會避免電療 日後該邊不需要造影檢查	美觀 傷口較小
壞處	欠美觀	手術後兩邊乳房必須要繼續進行定期造影檢查

乳房重建手術 |

　　乳房重建的目的，是顧及患者的心理復康，重塑乳房的對稱程度、形狀和大小。但有時候，患者和家人會因為突如其來確診乳癌的打擊，覺得要以最快最簡單的方式完成手術，所以有一部分病人初時可能會對重建有點抗拒，覺得手術時間、風險都增加幾倍。然而，醫治乳癌同時，也需鼓勵患者顧及外觀和心理需要，重建有助病人增強自信；根治乳癌後，更能方便地投入正常生活。需要全乳房切除的患者，實在值得考慮。

　　重建手術可以在全乳房切除手術時立刻進行——即時重建（Immediate Breast Reconstruction），好處是免卻患者因失去乳房而帶來的傷痛；也可以在手術一段時間後，經過考慮才安排（Secondary Reconstruction），這適合需要病情穩定後才下決定，或接受全乳房切除康復後才發覺有需要的病人。

　　有時候，重建手術也會在大幅度局部切除後進行，例如迷你背肌皮瓣（Mini Latissmus Dorsi Flap），視乎病情、腫瘤位置及大小等。如重建手術是在全切除後立刻進行，外科醫生可以進行保留皮膚（Skin-sparing Mastectomy）或保留乳頭（Nipple-sparing Mastectomy）的全切除手術，令手術後的外觀再進一步提高，效果更自然。

平常人對於遺傳性乳癌、癌症基因，也增加了一定的認識，有病人在醫治一邊乳癌的同時，也會提出替另外一邊進行全切除手術，並且立刻安排雙邊重整。其實，「預防性」乳房切除（在該邊乳房沒有腫瘤的前提之下），在醫學上是不會增加存活率的，切記跟主診醫生商量清楚！

乳房重建，通常比單單全切除／局部切除所需時間較長、風險較高，每位病人適合的方法也受多方面控制，所以評估必須包括：

· 患者的整體健康

· 另一邊／原本病人的乳房大小和輪廓

· 腹部／背部脂肪／肌肉厚度

· 患者的個人意願

· 腫瘤期數／觀望／存活率

而且，每個病人的體型、意願、病歷都不一樣，必須諮詢醫生意見，小心評估，才可以決定哪種重整方式最適合。

自體肚子腹直肌皮瓣 (Transverse Rectus Abdominis Myocutaneous Flap, TRAM FLAP)

肚皮是人體脂肪比較多的地方，連同小部分肌肉一併移植，塑造出來的乳房外觀甚為理想。而且，手術也有不同變化，想皮瓣再大一點的話，可以用顯微鏡連結血管，增加皮瓣的血液供應，出來的效果更軟更自然，體積也較大。

好處：手感良好、沒有排斥、持久性長、不需要更換，可以提供皮膚去填補切除了較大腫瘤後的空隙。肚皮和腰部也從而收小，一舉兩得。

壞處：多一個格外大的傷口，手術和康復時間都長，有機會令腹部肌肉減弱，形成小腸氣（部分地方鬆弛）；也有一部分病人復原時，皮瓣的脂

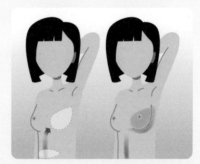

自體肚子腹直肌皮瓣

肪血液循環不足，導致脂肪壞死（Fat necrosis），皮瓣日後會變硬和引起痛楚。

自體背闊肌皮瓣 (Latissmus Dorsi Flap)

背部跟乳房鄰近，也是一個可以考慮移植的部位，但要考慮

女士另一邊乳房的大小。

好處：傷口比肌皮瓣小，也可以補替植入物表面，提供覆蓋皮膚。

壞處：背肌通常較薄，不能重塑較大的乳房，較適合肚皮較薄的女

自體背闊肌皮瓣

士。術後可能令背部力度有輕微影響，對於常運動的女士來説，可能分別較大。

植入物／假體（Implant-based Reconstruction）

在全乳房切除術後，會立刻在胸大肌底放入植入物。現時市面上有不同款式、產地、物料的植入物，每款的大小、體積、厚度都超過幾百種組合。如果考慮放入植入物，會在手術前先量好和預計所需型號，也會預備前後的幾個號碼，於手術期間評估決定最後尺碼。如選擇植入物，全乳房切除又能夠保留皮膚／乳頭的話，外觀就優勝多了。

好處：沒有額外傷口、時間較短、款式和選擇多。

壞處：始終植入物是塑膠，手感未必太自然，也有機會要更換。如果需要放射治療的病人，可能會有 15% 機會令附近組織硬化，造成痛楚和形狀改變，要再動手術更換。而且，與美容所放的植

入物一樣，可能有機會移位、破損，若干年後有機會需要再開刀。如果病人腫瘤大，牽涉皮膚而需要切除皮膚，保留得到的皮膚就未必足夠蓋過植入物，那就要選擇比另一邊小的，結果造成不對稱的現象。

植入物

自體脂肪移植（Autologous Fat Transfer）

抽出自體脂肪的方式已經普及多年，作為減肥用途。抽出的脂肪經過濾後，可以注射入體內作美容用途，例子包括燒傷的患者皮膚較緊，注射脂肪有助紓緩痛楚。在全乳房切除後，病人可能想考慮重整，但又害怕要再開刀，移植自體脂肪就變成一個好選擇。每次抽脂都不能過量，而注射了的脂肪會被身體吸收一部分，所以通常要分幾次進行。

好處：不用開大刀，也可以在乳癌手術多年後才進行。

壞處：未必是一次性完成，安全程度也有待詳細研究，包括浮游脂肪內的幹細胞會否刺激癌細胞復發，而且注射了的脂肪可能會干擾日後造影檢查的準確度。

重整方法

	自體肚子腹直肌皮瓣 Transverse Rectus Abdominis Myocutaneous flap（TRAM FLAP）	自體背闊肌皮瓣 Latissmus Dorsi Flap	植入物／假體 Implant-based reconstruction	自體脂肪移植 Autologous fat transfer
好處	自體組織，沒有排斥 大量皮膚可以覆蓋傷口 減肚腩，一石二鳥	自體組織，沒有排斥 傷口比肚皮皮瓣小	沒有格外傷口	自我組織，沒有排斥 不用開大刀
壞處	傷口大，手術和復原時間都長 引致小腸氣 脂肪壞死、造成硬塊，引起痛楚和外觀問題	背部皮膚脂肪都較少，不能重塑較大乳房 影響部分背部肌肉的力度	如腫瘤需要切割大量皮膚就未必適合 有機會要更換 會有外來物感染機會 如要電療，有機會硬化 未必太自然，因人而異	注射脂肪，有機會影響將來造影的準確度 需要多次注射 安全程度包括腫瘤復發風險
康復	傷口在肚皮，復原時間是眾多重整方式中最長的	較肚皮皮瓣短，但背部傷口復原也需時	表皮傷口較快癒合	抽脂和注射脂肪只需要用針 復原快

淋巴手術 |

前哨淋巴追蹤術

前哨就是前線、第一層的意思，好像哨兵，是先頭部隊。前哨淋巴就是第一顆接收由乳房流出淋巴液的淋巴結，當腫瘤要從乳房經淋巴擴散，通常會先聚集在前哨淋巴，再擴散開去。

直至九十年代，就算術前掃描顯示沒有明顯淋巴擴散，大部分乳癌手術都必須要將所有淋巴切除，因為微細的癌細胞未必偵測得到，但患者就要飽受淋巴水腫之苦，尤其是最後淋巴化驗根本沒有癌細胞感染。後來病理學家發現，淋巴擴散通常有必經之路，如果沿路沒有癌症感染的跡象，癌細胞再進一步感染遠距離淋巴的機會也大大減少。所以，要訣是找出前哨淋巴，先作化驗，前哨淋巴有感染的病人才需要進行全淋巴切除術。此手術廣泛使用後，淋巴水腫的病人由原先的 15% 降至少於 5%，好讓病人的生活質素得以改善。

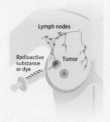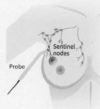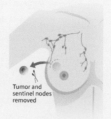

前哨結切片檢查

做法是，外科醫生會在術前在乳
暈或腫瘤附近注射顯影劑，常用的
包括同位素（Technetium-99）、藍
藥水（Patent Blue Dye）、磁性藥水
（Magnetic Tracer）。手術期間就
根據顯影劑找出前哨淋巴，將前哨
淋巴切除，於病人麻醉期間立刻送
到病理科醫生處作出冷凍切片化驗。
病理科醫生會把淋巴急凍，然後切
成薄片，放在顯微鏡下檢查。如前
哨淋巴沒有發現癌細胞，手術就大

（圖片來源：National Cancer Institute）

磁藥水追蹤淋巴（醫生提供）

功告成，不需要切除其他淋巴；如前哨淋巴已經受到癌細胞感染，
外科醫生接獲通知就可以立刻為病人進行全淋巴切除，好讓病人
不必接受兩次分開的手術。

研究發現，前哨淋巴沒感染的病
人之中，有 95% 沒有擴散至其他淋
巴。腫瘤大小／級別（Grade）越大，
淋巴受感染的機會就越大。

前哨淋巴手術腋下傷口（醫生提供）

如果患者在手術前，腋下淋巴已經被證明受到癌細胞感染，那前哨淋巴手術就不適合了。近年，也有新的研究提議，就算前哨淋巴受癌細胞感染的病人都未必須要全淋巴切除，以減低淋巴水腫的風險，但普遍來說，復發率可能較高，必須跟主診醫生仔細商量。

全淋巴切除

腋下淋巴網絡分為三組，第三組位於胸肌內，通常全淋巴切除只包括第一和第二組。全淋巴切除曾經是乳癌手術的黃金標準，因為沒辦法 100% 證實淋巴沒受癌細胞感染。但是，病人往往受着全淋巴切除的後遺症之苦，大概一成多的病人會有淋巴水腫，這不但會引起痛楚、影響日常生活，慢性水腫更有機會引致組織病變，譬如血管肌肉腫瘤，尤其是本身淋巴沒有癌細胞感染的病人。如果因為手術而產生後遺症，就非常不值了，但若在術前已經證明淋巴受癌細胞感染的話，全淋巴切除依然是主流做法。

外科醫生通常會找出腋下重要的血管和神經線，以便作出保護，而腋下的脂肪會被切除，而淋巴就包含了在切除的脂肪當中。

總結 |

乳癌手術跟乳癌其他治療一樣，有既定指引，但都必須要個人化。只要在安全情況下，都希望病人向主診醫生提出自己的擔

憂和要求，以便設計出最安全、最合適的治療方案。

乳癌術後復康運動

開始時間取決於手術類型和恢復進度。運動和伸展比淋巴按摩更重要，在分享五大元素前，先了解這些活動的動作：

· 深呼吸運動

· 手臂和肩膀的運動與伸展

手臂與肩膀部位的動作說明

I 肩卷（Shoulder Rolls）：
伸展胸部和肩膀的肌肉

  1. 站立或坐下。

  2. 同時移動雙肩。

  3. 肩部向後滾動：以圓周運動
    方式使肩膀向前、向上、向
    後和向下。

  4. 然後向前滾動。

1.坐下、伸直、 2.先向後滾動，
移動雙肩 再向前滾動

II 肩翼（Shoulder Wings）：
改善肩膀的向外運動

1. 坐下／站起來。

2. 將手放在胸部。

3. 抬起手肘到一邊。

4. 緩緩下肘。

5. 根據你的限制調整肘部位置。

1. 將手放在胸部　　　　2. 緩緩下肘

III 手臂圈（Arm Circles）：
請勿同時用雙手做這項運動，
一次只能用一隻手臂

1. 從肩膀或肘部移動手臂。

2. 增加圓圈的大小，直到可以舒
   適地製作圓圈為止。

3. 10 個完整的向前圈子，然後是
   10 個完整的向後圈子。

1. 一次只用一隻手臂

2. 每次向前轉 10 次，
   向後轉 10 次

IV W 運動（W Exercise）：
　坐着／站着

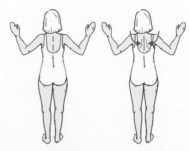

1. 形成一個「W」，雙臂伸出側面，手掌朝前。（W 的位置取決於肩膀的運動範圍）。
2. 保持不會造成不適的最遠位置，將肩胛骨擠壓在一起 5 秒鐘。
3. 重複 10 次。

1. W 的寬度取決於肩膀的運動範圍　　2. 將肩胛骨擠壓一起 5 秒鐘

V 雙手在背：
　坐着／站着

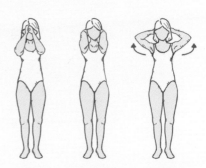

1. 雙手合十放在額頭上。
2. 慢慢舉起手並將手向脖子後側滑動。
3. 然後將手肘向兩側伸展，保持姿勢約 1 分鐘，在拉伸過程中正常呼吸。
4. 通過將肘部放到一起並在頭頂上滑動，慢慢地舒展身體，然後慢慢放手臂。

1. 雙手合十　　2. 將手向脖子於側滑動　　3. 手肘向兩側伸展並保持姿勢 1 分鐘

Ⅵ 後向爬行：

站立／坐着

1. 將手放在背後。

2. 用另一隻手握住患側。

3. 慢慢將雙手向上滑動至背部中央。

4. 保持最高位置約 1 分鐘。

5. 慢慢放下手。

1. 手放後
2. 保持 1 分鐘後放下

Ⅶ 前向爬行：

面對牆站立

1. 腳趾距牆壁約 15 厘米。

2. 用未受影響的手臂伸到最高，
   標記該點作為受影響手臂的
   目標。

3. 將雙手放在舒適的水平牆上，
   盡可能在牆上抓手指。

4. 盡量不要朝自己的手抬起或
   向後仰。

1. 腳趾距牆壁
   約 15 厘米

2. 手臂伸到最高

3. 不要朝自己的手
   抬起或向後仰

VIII 側壁爬行

1. 用未受影響一邊身體站立離牆的 30 厘米。

2. 手臂伸到最高，標記該點作為受影響手臂目標。

3. 轉動身體，使患處現在最靠近牆壁，盡力在牆上爬動手指。

4. 達到良好的伸展力，而不是疼痛。進行深呼吸的運動。

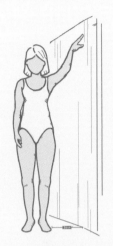

1. 手臂伸到最高
2. 盡力在牆上爬動手指
3. 30 厘米

· 自我淋巴按摩

自我淋巴按摩——身體不同部位

I 疤痕按摩：
疤痕癒合後，幫助緩解疤痕緊繃、發癢和敏感的感覺

1. 將 2 至 3 隻手指放在疤痕上。

2. 輕輕地全方位移動皮膚。

3. 然後拿起手指。

4. 沿着疤痕的每個方向由 1 到 2 英吋。

5. 然後重複按摩。

1. 將 2 至 3 隻手指放在疤痕上
2. 全方位移動皮膚

3. 沿疤痕的各方向的 1 到 2 英吋重複按摩

II 脖子：

1. 前頸

前頸用手輕輕從鎖骨位
向喉嚨方向推按

2. 頸部側面

從肩頸位置向後推按

3. 脖子後面

雙手分別從後頸位
置向翼骨推按

III 肩膀：

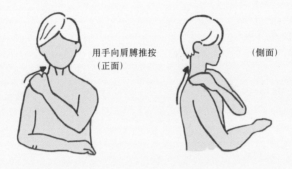

用手向肩膊推按
（正面）

（側面）

IV 上臂：

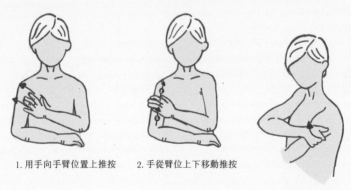

1. 用手向手臂位置上推按

2. 手從臂位上下移動推按

3. 用手指環繞手
臂向內推按

V 下臂：

手掌朝下，然後手掌朝上。

1. 手掌向下臂向上推按片刻
2. 換轉手重做 10 至 15 次

VI 手：

1. 右手放左手上，向上推按
2. 左手翻轉向上，用右手大拇指
   從手掌凹位上推按片刻
3. 換轉手重做 10 至 15 次

VII 手指：

1. 用右手的大拇指和食指
2. 放在左手的手指逐隻推按數次
3. 換轉手重做 10 至 15 次

．姿勢和行為調整

．鼓勵補水（2-3L／天）

　　養成長期運動的習慣，然後視乎進度增加運動量。

　　康復後，按照五大元素進行練習：

第一元素：深呼吸運動

　．幫助放鬆並減輕傷口的不適感和緊繃感；

　．坐下或站起來；

　．通過鼻子，作緩慢深呼吸，讓胸部和腹部擴張，再通過嘴巴
　　緩慢呼出；

　．五至十次，可根據需要重複多次。

　　註：特別是在焦慮時刻。

第二元素：手臂和肩膀的運動與伸展

　．每組做十至十五次；

　．坐下或站起來，看電視也可以；

　．可以隨時隨地完成；

　．兩邊手都要做。

第三元素：自我淋巴按摩

· 每組做十至十五次；

· 需有節奏輕柔的壓力，與深層肌肉按摩不同；

· 可以使用荷荷巴油等的基底油作為潤滑劑和鬆弛作用。

第四元素：姿勢和行為調整

· 避免受影響的手臂過分勞累；

· 手泵（Hand Pump）：將手臂舉過頭頂，慢慢打開和關閉拳頭做十次，手臂伸直不要超過幾分鐘，每天隨時都可以做。

· 手臂休息（Arm Rest）：每天將手臂抬起幾次，每次約二十分鐘；坐下或躺下；將手臂放在旁邊的幾個枕頭上，以便將手臂抬高到心臟上方。

· 調整睡眠姿勢：儘量睡在不受影響的一側。

第五元素：鼓勵補水（2-3L ／天）

參考資料：

1. MSKCC patient and caregiver education: exercise after breast surgery, last updated May 2020

2. Patient education: how to do self-lymphatic massage on your upper body, last updated Feb 2019

零期乳癌 |

根據癌症資料統計中心的最新數據顯示，2018 年乳癌發病案例達 4618 宗，為女性癌症之首。其他女性癌症，如子宮體癌發病案例達 1165 宗（女性癌症第四位），卵巢及腹膜癌案例達 664 宗（女性癌症第六位），及子宮頸癌發病案例達 582 宗（女性癌症第七位）。由數據可見，在腫瘤案例的頭七項中，有四項也與女性性徵腫瘤有關。

癌症「零期」不受保 |

大家必須要謹慎留意自己所買的保險是否有涵蓋女性腫瘤的醫療保障，因為曾有不少病人以為自己所買的保險涵蓋這些女性腫瘤的醫療開支，但完成手術後才發現保險不受保。在私家醫院做手術，分分鐘超過十萬以上，情況實在令病人失去財政預算。那麼，保險公司是否違反了商品說明條例呢？當然不是，其實當中最大的問題是，大部分危疾保險並不包括早期女性腫瘤，即所謂的「零期」。

腫瘤的分期是透過病理報告分析，如果在最早期癌症中，癌細胞只停留於發病位置，但仍未入侵底層的話，便會界定為「零期」，常見於乳癌及子宮頸癌。雖然是零期，但對乳癌患者的治療而言，手術其實跟一期患者的治療沒分別，病人切除部分乳房後，亦需

要用電療預防復發，所以即使是零期，治療的費用也跟一期無異。

　　部分病人會埋怨危疾保險癌症會賠償一期癌症，不保障零期病人。面對這些局面，我只可以跟病人說慶幸你是零期，雖然傷「荷包」，但對生命威脅影響極低，錢可以待康復後慢慢再賺。當然，有買保險但患病時無賠償，內心一定不好受，所以奉勸各位買保險前要了解清楚，女性絕對需要買專為女性癌症／危疾保障而設的保險，令自己得到最好的保障。

零期乳癌手術邊界重要嗎？ |

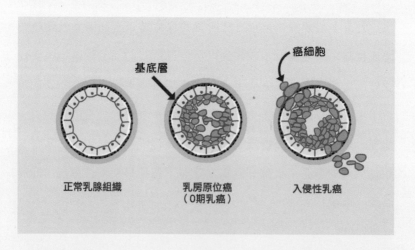

從上述圖片可見，最左方的圖像是正常乳腺組織，並沒有癌細胞（圖中紅色粒狀為細胞）。不過，一旦抽取組織時發現癌細胞，便要再確定癌細胞是否已經穿破基底層。在最右邊的圖像顯

示，紅色的細胞已經穿過正常的乳腺組織，癌細胞由乳腺管或乳葉擴散到周圍組織，甚至身體其他地方。這種入侵性的情況下，便會界定為入侵性乳癌。如果癌細胞只是發現在乳腺組織內，並沒有入侵基底層的話（中間圖片顯示），即使有癌細胞形成，也未有入侵功能，所以被界定為零期乳癌。若零期乳癌能及早發現和處理，能將病人的復發率降至最低。（現有醫學數據顯示，過去二十年中，零期乳癌死亡機會率為每十萬人當中只有 3.3%），即對生命沒有任何威脅，所以不會被界定為危疾。

一般而言，零期乳癌的治療方法是透過手術切除。如果是切除部分乳房，再配合術後電療，就等同整個乳房切除的術後效果，治療完成後基本上已徹底痊癒。那麼，關於這個病又有甚麼最新資訊？

部分乳房切除手術組織邊緣小於 2 毫米的爭論

現時，對於用切除部分乳房的方式處理零期乳癌仍存有部分爭議。權威腫瘤組織建議手術所涉及的邊緣要多於 2 毫米，而絕大部分外科醫生手術時都會儘量在腫瘤範圍以外切除更大的邊緣，但外科醫生並沒有顯微鏡觀察，所以到最後手術切除的邊緣是否足夠，仍要取決於病理報告最終結果。不過，有些情況的確有點尷尬，就是病理報告顯示邊緣小於 2 毫米。那麼，便需要進一步

討論是否需要再進行手術，切除更多的邊緣，以確保沒有殘留的癌細胞。

近期美國一份醫學文獻，分析了超過 400 個零期乳癌手術組織邊緣小於 2 毫米的處理方案，得出了一個令人意外的結論。結果反映，手術所切除的邊緣小於 2 毫米，即使不做第二次切除手術，直接使用術後電療鞏固手術效果的話，乳癌復發的風險並沒有增加。資料更指出，癌細胞十年原位復發的風險——沒有進行電療的復發率是 30.9%，進行電療後只有 5.4%；相比手術邊緣多於 2 毫米的患者，沒有進行電療的復發率是 4.8%，進行電療後只有 3.3%；即是，再做手術來達到大於 2 毫米的手術邊緣的話，原位復發的風險約由 5.4% 下降至 3.3%，只有一個極小的幫助。所以，病人可以因應情況，與醫生好好討論是否需要再做第二次手術。

零期乳癌術後電療計分法 |

理解零期乳癌看似簡單，但治療方案經常有不少要討論的地方，以下會集中講解術後電療。

一般的黃金標準是醫生建議病人切除部分乳房後，再配合放射治療，這不但可以保留乳房，又等同全個乳房切除的術後效果，有助減低乳癌復發的風險。除非有些病人不適合使用放射治療，例如

多個病灶感染在乳房不同位置，或有自身免疫系統問題，如硬皮症、懷孕、從前曾經接受胸腔放射治療等，便會建議全個乳房切除。

有些情況是，即使切除部分乳房後，也可避免使用放射治療。醫生會根據一個名為預後指數（Van Nuys Prognostic Index）的計分系統，按照腫瘤的大小、手術邊緣、腫瘤的分化度及病人的年紀作考慮因素計分，然後將細分計算相加而得出治療建議，以下是四大計分標準——

腫瘤大小：小於／等於——15 mm（1分）、16 至 40 mm（2分）、大於 40 mm（3分）

手術邊緣：大於／等於——10 mm（1分）、1 至 9mm（2分）、小於 1 mm（3分）

腫瘤分化度：1 至 2 級，沒有壞死細胞（1分）；1 至 2 級，有壞死細胞（2分）；3 級（3分）

病人發病年紀：年過 60 歲（1分）、40 至 60 歲（2分）、小於 40 歲（3分）

總分

4 - 6 分：建議局部乳房切除

7 - 9 分：建議局部乳房切除 + 全乳電療

10 - 12 分：建議全個乳房切除

首先，根據一般的醫療建議，甚少會因病人總分數為 10 至 12 分而建議全個乳房切除，醫生盡可能希望幫助病人保留乳房，以免對心理構成負面影響。

另外，如果總分數為 4 至 6 分，屬低風險群組。如果按照這個指引的話，只需要切除腫瘤，並不需要進一步進行全乳電療。在香港，業界大部分醫生都不會跟從這個指引，一般是部分乳房切除手術再配合電療方案。

而且，最新的醫學數據顯示，這個系統計算似乎不太適合用於評定是否需要電療。如果跟從這個評分來治療低風險零期乳癌病人的話，十五年後，乳房復發的風險便為 29%。換言之，香港的治療方案是相對有效和安全的。

所以，最後結論是，除非是比較年長（年過 70 歲）而風險較低，同時又非常抗拒電療的病人，才會比較適合用局部乳房切除的方式來處理零期乳癌。

系統性治療篇 |

輔助治療

很多乳癌病人確診乳癌之後，短時間內要安排手術，未有時間驚恐，待手術後約見腫瘤科醫生的時候，才開始「識驚」，擔心要接受不同類型的輔助治療，擔心自己受不了化療，擔心自己很快會復發，擔心自己很快會死……結果在網上搜羅不同資訊，尋求「Dr. Google」幫忙，以致驚上加驚、寢食難安、情緒低落，令到身邊的人也一同煩惱，整個家庭都陷入混亂，感覺有如世界末日將至，結果自己嚇死自己，無事變有事！

這個部分會與大家分析為何需要輔助治療、如何分析自己的病理報告、如何分析病情、如何知道復發風險、如何決定需要哪一種形式的輔助治療，希望讓大家不需要胡亂在網上搜尋不知道是否適合自己的資料，避免未見腫瘤科醫生之前自己嚇自己。

為何需要輔助治療？ |

手術，一直是清除腫瘤的最有效方法，但對於部分早期乳癌患者來說，單是手術未必能夠把復發風險減至最低。一般來說，輔助治療包括化療、標靶治療、荷爾蒙治療及電療，而化療的副

作用較多，療程一般長達半年，期間患者很多時也無法上班。在剛做完手術、身體仍待恢復的情況下，是否應該或值得進行化療，成為很多病人的顧慮和疑問。

如果要透過比喻讓病人容易明白，我形容腫瘤為一棵樹，手術，就是要將那棵樹連根拔起，但是連根拔起前已經留下一些種子，這些種子將來有機會發芽生長——這便是復發的原因，越是惡毒的腫瘤，留下來的種子越多。所以，手術之後我們便要化驗這棵樹的性質，透過分析病理報告來評估拔樹之前留下種子的風險。不少早期乳癌患者都需要接受輔助化療，原因是對於一些較具復發風險的乳癌，如 HER2 型乳癌及三陰性乳癌，即使淋巴未受影響，癌細胞仍有較大風險擴散至其他器官。因此，切除手術後可能要再接受針對性的輔助化療，以減低復發風險，並提升長遠的存活率。

隨着社會對乳癌的認知增多，近七成病人確診時屬於第一或第二期的早期乳癌。不過，臨床上大約有三分二的早期乳癌患者可能需要在手術後接受輔助治療。

術前治療

近幾年，越來越多人採用術前治療，尤其是 HER2 受體陽性

或者三重陰性乳癌病人，經過術前檢查，例如正電子電腦斷層掃描（PET-CT）後，發現腫瘤過大未能適合乳房保留手術，或者有淋巴感染的情況等。外科醫生及腫瘤科醫生都會跟病人討論術前治療的好處及壞處，然後達成共識。

好處 |

提供腫瘤對治療敏感度的特性

其實術前治療跟術後治療的成效是一樣的，但是在手術前做同一樣的治療的話，由於腫瘤仍未被切除，因此，透過治療期間量度腫瘤的大小以及改善的速度，可以讓醫生掌握到治療的成效。其實，並不是每一種腫瘤對症下藥後都有預期之內的反應，如果我們能在治療初期掌握到這些數據的話，便可以提早改變治療策略，增加治療成效！相反，手術後做一樣的治療，由於只是預防性質，所以我們只是根據數據估算成效，並沒有任何準確方式幫助醫生量度治療成效。

有機會改善手術方案

對於腫瘤比較大的病人而言，由於亞洲人的乳房比較小，有機會因為部分乳房切除後的外觀大受影響而要進行全乳房切除。全乳房切除後，外觀大受影響，很多時候會在手術期間同時進行

重建，增加了手術複雜性。如果術前治療有效的話，便有機會進行部分切除而不影響外觀，那便輕鬆多了！

其實，手術方案的制定非常複雜，並不是單靠評估腫瘤的大小而得出，也要視乎腫瘤的位置是否接近乳頭、腫瘤有否影響皮膚，亦要看治療成效，因為即使治療成效顯著，也只是減少了腫瘤癌細胞的密度，而沒有減少整體的大小；即使治療成效顯著，也未能改善手術方案，所以要跟主診外科醫生好好商量！

以下為新的治療方案：

HER2 陽性：術前使用雙標靶加化療的方案，然後視乎手術病理報告，再制定下一步術後標靶方案。

三重陰性：術前使用免疫療法加化療，手術後繼續使用免疫療法。

壞處 |

如果治療效果不理想的話，有機會會因為治療效果不理想、病情惡化，而演變成癌細胞擴散的情況，那麼便不適合做根治性手術了！認真想想，這又是不是真的是一個缺點呢？如果先行做手術的話，的確可以將腫瘤切除，但是剩下來的癌細胞種子，很大機會不受術後治療的控制，所以某程度上，復發的風險也是比較

高的。因此，如果術前治療效果不理想，一方面能夠讓醫生及病人掌握到腫瘤的特性是比較抗藥的，能夠對病情有一個比較準確的預算；另一方面，可以透過提早更換治療方案及緊密監測病情，來提高對腫瘤控制的機會率！

術前治療成為新趨勢

適合對象：
HER2 型乳腺癌
三重陰性
部分管腔形乳癌

治療成效

成效理想   未如理想

手術   轉換治療方案

癌細胞被徹底清除   如病理報告顯示
繼續預定醫療程序   未能徹底清除癌細胞
                          要考慮轉換治療方案

那麼，術後腫瘤科醫生怎樣評估後續治療方案呢？一般而言，我們要等待術後正式病理報告，仔細分析術前治療成效，通常分成兩大類：Complete Remission（完全緩解）Vs Residual Disease（殘存疾病）。

Complete Remission 是最好的治療成效，所有癌細胞都被術前治療擊退；那 Residual Disease 便是仍有殘留的癌細胞。為甚麼要這樣分類呢？如果術前治療的效果能夠達到 Complete Remission，便反映了治療進度非常理想，預後亦非常理想，復發風險較低。換言之，Residual Disease 便反映了復發風險較高。所以，這些數據極具參考意義。

現在先提及術後化療及標靶部分，稍後再提及荷爾蒙及電療部分。

不同屬性的乳癌治療

HER2 陽性

如果術前治療使用雙標靶／單標靶混合化療而達到 Complete Remission 的話，術後輔助治療便可以只用單標靶的方案；但如果是 Residual Disease 的話，便要考慮轉用另一種標靶混合化療 T-DM1 來提升治療成效，減低復發風險。

三重陰性

　　一般來說，術前治療已經使用小紅莓類（俗稱紅魔鬼）及紫杉醇等藥物，如果達到 Complete Remission 的話，便不用考慮進一步的輔助化療。如果術前治療除了使用紅魔鬼及紫杉醇外，亦有使用免疫療法，那術後仍可繼續使用免疫療法來鞏固治療效果。如果是 Residual Disease 的話，可以考慮使用口服化療（Capecitabine）八個療程來減低復發風險。不過，口服化療是否一定有成效，仍然有待進一步數據核實，由於不同學者仍有不同爭拗，所以並不是所有三重陰性病人使用術後口服化療有持之以恆的成效數據。有些時候，可以透過進一步病理報告，分析 CK5/6 和 EGFR 是否缺乏表現，即非基底上皮細胞類乳癌（Non-basal Like）的乳癌病人的病理特徵。因為，似乎非基底上皮細胞類乳癌（Non-basal Like）的乳癌病人會有比較理想的治療成效。鑒於這是個非常複雜的題目，建議跟主診醫生仔細討論，以釐定進一步治療方案。

HER2 陰性荷爾蒙受體陽性

　　如果術前治療已經使用紅魔鬼及紫杉醇等藥物，那無論是否達到 Complete Remission，都不需進一步化療。

　　總括而言，使用術前治療後，我們要視乎病理報告是否

Complete Remission 來釐定是否需要化療／標靶，至於荷爾蒙治療及電療是在手術前已成定局的了。當然，最理想還是跟主診醫生詳細討論自己的病理報告，來分析及釐定合適的術後方案。這非常複雜，不能一概而論。

如何評估是否需要術後化療？

醫生會根據多個因素，包括病人的年紀、腫瘤的大小及種類，以及荷爾蒙受體（ER ／ PR）、組織學級別（Histological Grading）、HER2 型、Ki67 指標，以至腫瘤基因檢測結果等病理資料，客觀地評估疾病復發的風險。一些國際性及常用的風險評估工具，如英國 NHS Predict（https://breast.predict.nhs.uk/index.html）、Lifemath（http://www.lifemath.net）等，也有助了解病人在手術後的五年及十年生存機率。假如輔助化療能夠為病人的十年存活率增加多過兩個百分點，醫生便會建議病人接受進一步治療。

另外，腫瘤基因測試是透過分子結構分析技術，進一步了解腫瘤的特性，給醫生多一個指標參考。有時，單靠腫瘤大小、是否有淋巴擴散等評估，可能會出現中性及觸及界線的情況，而腫瘤基因測試則有助作進一步分析及決定，看看腫瘤是披着狼皮的羊，還是披着羊皮的狼。尤其是對荷爾蒙受體呈陽性病人應否接受化療，可

有多一個指標作參考，亦有助於避免病人接受不必要的治療。

簡單來說，惡性越高的乳癌類型，復發風險也越高，因此需要接受輔助化療的機會亦越高。舉例說，如患者確診時只有三十多歲，又或是 HER2 型陽性或三重陰性乳癌，都有較大機會需要進行輔助化療。

至於一些腫瘤較為細小，如體積直徑小於兩公分、淋巴沒有擴散，又屬於 HER2 陰性，而荷爾蒙及 Ki67 指數低的病人，則可能毋須再在手術後進行化療。

是否需要或適合進行化療，可與醫生仔細磋商。醫生會根據病況作出考慮，即使化療具有毒性，但有時為了提升患者存活的機會，也有其必要，以免前功盡廢。

說到這裏，如果你是病人，又想自己幫自己在未見腫瘤科醫生之前，初步估計自己是否需要進一步治療的話，可以根據以下步驟作初步分析：

1. 解讀自己的病理報告 |

要分析復發風險、是否需要輔助治療，首先要清楚自己的病理報告、知道自己的乳癌型號，才能透過預測工具大概掌握自己的風險，初步知道不同類型的輔助治療對自己的成效！

但是，一份詳盡的病理報告內，全是醫學專用詞語，而且有大約 3 至 4 版，對於沒有醫學知識的病人而言，唯有查字典，但查完字典之後，又發覺自己查到解釋也無法看明白，因此我經常跟病人說笑，如果查完字典就能明白，我就不需讀 5 年醫學院了。其實，不明白是完全正常的，只須懂得找尋重點來幫助自己。

注意事項

只需在病理報告內找到以下所提及的基本的資料，切勿過分分析！如有任何疑問，請與你的主診醫生討論。

· 根據基本資料，得出自己乳癌的期數；

· 根據基本資料，得出自己乳癌的型號；

· 根據自己的乳癌期數及型號，掌握復發的風險，及是否需要輔助治療。

	類別	註釋
病理組織學分類 Histological type	原位乳癌： 乳管原位癌（Ductal Carcinoma in Situ, DCIS）／乳小葉原位癌（Lobular Carcinoma in Situ, LCIS）	早期的乳癌，癌症維持在原發位置的細胞表層內生長，而沒有入侵乳房更深層的組織或擴散至身體其他器官，故此亦稱為前入侵性乳癌。 在原位乳癌中，若病理組織學型態為篩狀癌（Cribriform Carcinoma）、實心型（Solid Carcinoma）、乳突癌（Papillary Carcinoma）或微小乳突癌（Micropapillary Carcinoma）則預後比面皰癌（Comedo Carcinoma）好。

	入侵性乳癌： 乳腺管癌（Ductal Carcinoma），及侵襲性小葉癌（Lobular Carcinoma）	腫瘤的生長超出原發位置的肌上皮細胞表層或基底膜，例如在乳線管或乳小葉出現。大多數乳癌都是入侵性癌症。乳腺管癌（Ductal Carcinoma）以及侵襲性小葉癌（Lobular Carcinoma）為最常見的乳癌類型。 預後較好：乳突癌（Papillary Carcinoma）、管狀癌（Tubular Carcinoma）、粘液癌（Mucinous Carcinoma）、篩狀癌（Cribriform Carcinoma）、腺樣水狀癌（Adenoid Cystic Carcinoma） 預後較差：變異型癌（Metaplastic Carcinoma）
	葉狀瘤（Phyllodes Tumor）	葉狀瘤（Phyllodes Tumor）是一種很少見的乳房腫瘤，屬於肉瘤（Sarcoma）的一種，所以處理的手法並不一樣。
大小 Size	Tis：原位癌（任何大小） T1 期：≤ 2cm T2 期：2.1-5cm T3 期：> 5cm T4 期：任何大小，直接擴展至胸壁及或影響皮膚	用作分類的 T 期數，並不等於整體期數。（詳細請看後文有關乳癌期數分類的內容）
組織學級別 Histological grade	Grade 1：高分化度 Grade 2：中分化度 Grade 3：低分化度	病理級數為 Grade 1，其預後較佳；病理級數為 Grade 3，其預後較差。
癌細胞對腫瘤周邊組織的侵犯 Lymphovascular Invasion, LVI	Negative：陰性 Positive：陽性（有淋巴或血管組織侵犯者）	若有淋巴或血管組織侵犯者，較易局部復發，且治療效果較差。

腋下淋巴結 Lymph Node	N0：沒有陽性結 N1mic > 0.2-2.0 毫米： 或多於 200 個細胞 N1：1 至 3 個陽性腋下 淋巴結 N2：4 至 9 個陽性腋下 淋巴結，或陽性內部乳 線淋巴結 N3：≥ 10 個陽性腋下淋 巴結，或陽性腋下及內 部乳線淋巴結，或陽性 鎖骨上窩或鎖骨下窩淋 巴結	越多腋下淋巴受影響，復發的風險越高。
荷爾蒙受體—— 雌激素受體 Estrogen Receptor, ER	Negative：陰性 Positive：陽性	荷爾蒙受體呈陽性的癌細胞，需要荷爾蒙 與蛋白（受體）結合才可生長，故阻止受 體與荷爾蒙結合的荷爾蒙治療藥物，可以 抑制腫瘤生長。
荷爾蒙受體—— 黃體酮受體 Progesterone Receptor, PR	Negative：陰性 Positive：陽性	
HER2 受體 HER2 Receptor —— 第二型人類上皮生 長素受體	0、1 = 陰性 2 = 較含糊（Equivocal） 3 = 陽性	在 HER2 呈陽性的乳癌中，當每個癌細胞 所含的 HER2 基因數量超乎正常水平， 癌細胞表層的 HER2 蛋白便會過多，即 HER2 蛋白過度表現。 過多的 HER2 蛋白，會加速癌細胞的生長 及分裂，因此 HER2 呈陽性乳癌是惡性較 大的乳癌。
癌細胞增生 指標 Ki-67	0 - 100 分	Ki-67 蛋白是細胞生長的標記，在正常的 細胞內處於低水平，但在生長速度快的細 胞中則有所增加。 Ki-67 生長指數是指利用免疫組織化學染 色（IHC）方法，來量度腫瘤細胞染色呈 陽性的百分比，是細胞擴散的特定細胞核 標記。Ki-67 指數高顯示腫瘤具較大侵略 性。目前，指數高於 14% 被界定為 Ki-67 生長指數高。

2. 得出乳癌的期數及型號 |

乳癌期數

　　癌症分期是決定癌症發展與擴散程度的方法。在乳癌分類當中，是基於美國癌症聯合委員會（AJCC）有關乳癌的《癌症期數》（2018 年第八版）來斷定患者的癌症期數。

　　手術後常用的兩類癌症分期方法，為解剖期數及預後期數。當中，解剖期數使用解剖腫瘤的資料，包括腫瘤大小（T）、區域性淋巴結狀況（N）及遠端擴散（M）的情況來斷定癌症期數。

- 零期：原位癌，形容有異常細胞出現，這些異常細胞可能將會變成癌症並擴散到附近的正常組織中。（並未界定成入侵性腫瘤，所以很多時候危疾的保險方案未能賠償這類型的個案！）

- 一期：屬早期癌症，表示有癌細胞或腫瘤出現，但未生長至其他組織，亦未擴散至淋巴結等身體部位。

- 二期：表示較大的腫瘤已生長至鄰近組織，並可能已擴散至淋巴結，但未擴散至身體其他部位。

- 三期：表示較大的腫瘤已生長至鄰近組織，並已擴散至淋巴結和其他身體部位。

- 四期：屬末期癌症，表示腫瘤已擴散至身體遠端部位。

Breast Carcinoma TNM Anatomic Stage Group AJCC UICC 8th Edition

When T is...	And N is...	And M is...	Then the stage group is...
Tis	N0	M0	0
T1	N0	M0	IA
T0	N1mi	M0	IB
T1	N1mi	M0	IB
T0	N1	M0	IIA
T1	N1	M0	IIA
T2	N0	M0	IIA
T2	N1	M0	IIB
T3	N0	M0	IIB
T0	N2	M0	IIIA
T1	N2	M0	IIIA
T2	N2	M0	IIIA
T3	N1	M0	IIIA
T3	N2	M0	IIIA
T4	N0	M0	IIIB
T4	N1	M0	IIIB
T4	N2	M0	IIIB
Any T	N3	M0	IIC
Any T	Any N	M1	IV

乳癌型號

　　乳癌有三個重要指標，包括雌激素受體（ER）、黃體酮受體（PR）和 HER2 受體，可以分為以下四大情況：

　　· 管腔 A 型：ER 陽性、PR 陽性、HER2 陰性

　　· 管腔 B 型：ER 陽性、PR 陽性／陰性、HER2 陽性／陰性

　　· HER2 陽性：ER 陰性、PR 陰性、HER2 陽性

　　· 三重陰性：ER 陰性、 PR 陰性、HER2 陰性

乳癌分類

40%	20%	20%	15-20%
管腔 A 型	**管腔 B 型**	**HER2 陽性**	**三重陰性**
● ER + ● PR + ● HER2 - ● Ki-67 指數： 低	● ER + ● PR +/- ● HER2 +/- ● Ki-67 指數： 高 / 低	● ER - ● PR - ● HER2 +	● ER - ● PR- ● HER2 -
最佳預後	變數頗多	較難治療，但使用抗 HER2 治療預後會有 所改善	較難治療
經過一段長時間無病生存期後 可能復發			兩年後復發 較為少見

系統性治療類型

HER2 陰性化療的選擇 |

第二代（用於淋巴沒有受到擴散的高風險乳癌病人）

DC／TC／TT + C X 4（俗稱白針）

- Docetaxel（75mg/m2 靜脈輸液 60 分鐘）+ Cyclophosphamide
  （600mg/m2 靜脈輸液 30 至 60 分鐘）

- 每三星期一次

- 合共 4 次

- 12 星期完成治療

第三代（用於淋巴受到擴散的高風險乳癌病人）

Dose Dense AC X 4 → Dose Dense Paclitaxel X 4

- 私家醫生常用方案

- 密集式治療：將每逢三星期一次的化療濃縮成每兩星期一次，
  以增加治療成效

- 先用紅魔鬼 4 次

- Adriamycin（60mg/m2 靜脈注射／靜脈輸液 15 至 60 分鐘）
  + Cyclophosphamide（600mg/m2 靜脈輸液 30 至 60 分鐘）

- 其後再用白針 4 次

- Paclitaxel（175mg/m2 靜脈輸液 180 分鐘）

- 每兩星期一次

- 合共 8 次

- 16 星期完成治療

FEC X 3 → Docetaxel

- 公立醫院常用方案

- 先用紅魔鬼 3 次

· Fluorouracil（500mg/m2 靜脈注射）、Epirubicin（100mg/m2 靜脈注射）、Cyclophosphamide（500mg/m2 靜脈輸液 30 至 60 分鐘）

· 其後再用白針 3 次

· Docetaxel（100mg/m2 靜脈輸液 60 分鐘）+ Cyclophosphamide（600mg/m2 靜脈輸液 30 至 60 分鐘）

· 每三星期一次

· 合共 6 次

· 18 星期完成治療

HER2 陽性 |

TH（Paclitaxel + Herceptin）

· 化療：Paclitaxel（80mg/m2 靜脈輸液 60 分鐘，每一星期一次，合共 12 次）。

· 標靶藥物：Trastuzumab，每一星期一次或每三星期一次，合共一年。

DC ／ TTC + H

- 化療：Docetaxel（75mg/m2 靜脈輸液 60 分鐘）+ Cyclophosphamide（600mg/m2 靜脈輸液 30 分鐘至 60 分鐘），每三星期一次，先行化療合共 4 次，12 星期。

- 然後使用標靶藥物 Trastuzumab

- 每三星期一次，合共 18 次，即一年治療。

- 如經濟負擔沉重，可考慮副廠藥物—生物仿製劑。

- 對於害怕靜脈注射的病人，可考慮皮下注射方案。

DCH ／ TTCH ／ TCH

- 化療：Docetaxel（75mg/m2 靜脈輸液 60 分鐘）／ Paclitaxel（175mg/m2 靜脈輸液 180 分鐘、Carboplatin（AUC 6 ／ AUC 5 靜脈輸液 30 分鐘）。

- 標靶藥物：Trastuzumab，每三星期一次，首六次配合化療使用，合共 18 次，即一年治療。

- 如經濟負擔沉重，可考慮副廠藥物——生物仿製劑。

- 對於害怕靜脈注射的病人，可考慮皮下注射方案。

· 首六次化療配合標靶使用，每三星期一次，共 18 個星期，然後只需繼續使用標靶。

· 如需要配合伸延性雙標靶治療，完成首一年 Trastuzumab 治療後，開始口服 Neratinib 方案：每天口服 240mg（即六粒 40mg 藥丸）。

DCHP ╱ TTCHP

· 化療：Docetaxel（75mg/m2 靜脈輸液 60 分鐘）、Carboplatin（AUC 6 ╱ AUC 5 靜脈輸液 30 分鐘）。

· 雙標靶藥物：Trastuzumab（正廠：Herceptin），Pertuzumab 每三星期一次，首六次配合化療使用，合共 18 次，即是一年治療。

· 如經濟負擔沉重，可考慮副廠藥物——生物仿製劑。

· 對於害怕靜脈注射的病人，可考慮皮下注射方案。

化療以及標靶的副作用及處理方式

抵抗力減低（影響骨髓功能） |

如有需要，可以使用升白針，分別有短效升白針與長效升白針。

短效升白針

　　每個療程大約需要三支至七支針，絕大部分病人會選擇自行在家中注射，因為過程非常簡單，就像注射胰島素一樣。而且，化療期間，病人身體比較疲倦，如要額外每天到診所注射升白針，對身體的負荷亦不輕。在家自行注射升白針，一方面可以繼續留在家中休息，一方面可以減少因白血球低、抵抗力較弱的時候外出而增加感染的風險。

　　病人複診時，緊記要攜帶冰袋，以便帶升白針回家，回到家中請存於雪櫃，切勿存放在冰格！

長效升白針

　　每個療程只需要一支針，費用昂貴。

　　請留意有否感染徵狀，如有發燒，請從速就醫，及明確告知急症室醫護人員這是化療後發燒的狀況。在這情況下，一般都有特定指引，以確保病人到達急症室後能儘快得到抗生素治療，以減少因化療而引起的敗血症。

噁心、嘔吐及食慾不振

　　‧少吃多餐，保持均衡的營養飲食。

· 避免進食味道太濃或肥膩的食物。

· 服用醫生處方的止嘔藥,有助減輕徵狀。

疲倦

· 治療後可能會感到特別疲倦,宜安排足夠休息。

· 避免過分操勞。

脫髮

屬暫時性。一般來說,脫髮情況大約會在化療後兩至三個星期開始發生。

· 可考慮化療開始前先將頭髮剪短,以及佩戴假髮(假髮資料可向癌症病人資源中心查詢)、頭巾或帽等,以改善外觀。停藥後,毛髮會重新長出。

· 可以考慮使用冷凍帽(Cooling Cap)。化療前,化療期間以及化療後佩戴冷凍帽,可將頭皮冷凍,以致血管收縮,令化療減少到頭皮的地方從而減少脫髮情況。暫時未有數據顯示頭皮在使用冷凍帽後的復發風險增高。然而,冷凍帽的效果因人而異,絕大部分病人使用冷凍帽後仍有脫髮的情況,只是減少脫髮情況,以及在完成化療後,頭髮的生長速度回復得比較快。

請注意，冷凍帽的費用並不便宜，每次化療需要花額外數千元的費用；另外，使用冷凍帽期間，很多病人都會感到非常寒冷以及出現頭痛情況。

口腔潰損

· 戒煙、酒，及避免吃酸、辣、刺激和過熱的食物。

· 經常（包括進食前後）用稀釋鹽水（一大湯碗暖水加半茶匙幼鹽開成）漱口，以保持口腔清潔。

· 化療期間保持口腔清潔，可以考慮化療開始前洗牙。

經期紊亂、停經

· 女病人的經期可能會變得不規律或有停經現象。

· 部分婦女可能會提早收經，進入更年期，年齡越大者機會越高；而更年期的徵狀包括潮熱、出汗、頭暈、頭痛、心跳、失眠、煩躁不安或情緒低落等。

不育

· 抗癌藥物可能會影響生育能力，有疑問請諮詢主診醫生或護士。

· 若病人有計劃想生育，化療前，女士需要儲存卵子或者胚胎（化療期間亦可以考慮注射保卵針）。

膀胱發炎

治療期間需多喝開水，減少膀胱發炎的機會。

影響心臟功能

這個情況並不常見，一般屬於輕微的心臟功能影響，而且絕大部分都是能夠逆轉的，嚴重可導致心衰竭。進行標靶治療期間，醫生會安排每三個月一次的心臟檢查，如有需要，會暫停標靶治療讓心臟功能改善。

指甲反應

紫杉醇類藥物相對容易引起指甲反應，一般為短暫性質，完成化療後，指甲會慢慢回復狀態。

過敏／滴注反應

常見於第一次滴注。一般如紅疹、發燒、寒顫、潮紅、頭痛、肚痛及肌肉疼痛；嚴重如風疹、血管性水腫、呼吸困難、血壓下降及休克。在肺病變的情況下發生嚴重滴注反應的風險較高，而在高風險的情況下，可考慮在給予預防藥物後才接受藥物滴注。發生嚴重（罕有）反應時，需立刻停止及不再使用紫杉醇類藥物。

‧治療前先給患者服食或注射一些防敏感藥。

‧治療開始後，醫生及護士會密切監察患者的身體狀況。

皮疹

· 紫杉醇類藥物及升白針較容易引起皮疹，如出現皮疹的情況，請向主診醫生查詢。醫生需先檢查病人狀況以確定出現皮疹的原因，如果是輕微的藥物反應，會處方止敏感藥紓緩症狀。.

· 一般做法會建議正在進行紫杉醇類化療的病人儘量避免服用有殼的海鮮，從而減少出皮疹的風險——尚未有實際的醫學數據證明有用。

肝炎

· 多發生在乙型肝炎帶菌者身上。乙型肝炎帶菌者必須服用治療乙型肝炎的藥物。

· 即使並不是乙型肝炎患者，化療期間亦有機會影響肝功能，因此會緊密監測肝功能，繼而調整藥物劑量。

藥物滲漏而引致組織損傷

藥物注射期間，抗癌藥物可能會滲漏至血管外。有時損傷程度會比較嚴重，如持續的紅腫和疼痛、起水泡、潰瘍等，但很少數病人會因而需要接受手術割除受損組織。發生率介乎 0.1% 至 6% 之間。病人如發現針口周圍有紅、腫或痛等，需立即通知醫護人員。

間質性肺炎

極罕見，如發現持續乾咳、氣喘等情況，請立即告知主診醫生。

關節或肌肉疼痛

通常持續數日便慢慢減退。

手腳麻痺、刺痛

一般來說，由紫杉醇類藥物引起的手腳麻痺分為急性及慢性。急性手腳麻痺，一般會在吊針期間出現，持續幾天後便會散去；而隨着治療次數增多，便會慢慢累積成慢性的手腳麻痺。

水腫

· 可減少食用高鹽份的食物、多運動。如情況嚴重，可向醫護人員查詢。

· 有需要的話，醫生可處方利尿藥。

注意事項

· 可能發生的風險或併發症不能盡錄；不可預計的併發症亦偶有發生，而且風險或併發症因素也因人而異。在極罕有情況下，抗癌治療可引致癌症；化療也可能引起嚴重併發症而導致死亡，其死亡率低於 3%。

· 治療期間可維持正常的性生活，但無論男女病人均需避孕，
建議採用障礙性的避孕方法，如避孕套。

· 女病人在治療期間及完結之後的半年內，不宜餵哺母乳，因
抗癌藥物可能會經母乳傳給嬰兒。

· 化療期間，建議進行適量運動，例如散步、拉筋，以及輕量
負重運動。一方面能讓病人達到放鬆效果，繼而改善睡眠質
素；另一方面，亦有醫學數據顯示，化療期間進行適量運動，
可以幫助減少某些腫瘤復發的風險，及長遠化療後遺症，例
如化療腦（Chemo brain），即化療後記性衰退、持續失眠、
情緒受影響等。

· 治療期間如有需要接種疫苗，請先向醫生查詢。

化療藥物治療的副作用和紓緩方法 |

不少病人都擔心接受紅魔鬼、紫杉醇化療藥物治療之後會感
到相當不適，因此希望能事先可做好準備工夫。

紅魔鬼

絕大部分病人接受紅魔鬼後，不論兩星期一次或三星期一次，
都會在第一個星期感覺最辛苦，分泌物會有類似紅魔鬼的顏色，

例如淚水、口水、鼻水等，都有機會變成粉紅色，而小便則最明顯，會傾向於紅色。這個情況通常持續數天，飲水沖走後便不成問題。有病人家屬曾經告訴我，病人身上會有一種紅魔鬼的味道，請不用擔心，這都是正常現象。

不少接受過紅魔鬼的病人都反映口腔會變得燥熱，尤其是黏膜感到溫熱。因此，病人接受化療前最好先進行牙科檢查，以減低接受紅魔鬼後發生牙肉發炎的機會。而病人接受紅魔鬼後，亦可以漱口，以減少口部受損、牙肉發炎的風險。

一些病人會作悶、沒有胃口，醫生通常會處方止嘔藥，大致分為兩種：一種是質素較好的紙盒裝；另一種是散裝，通常同時進食兩種藥物亦不會有大問題。紙盒裝的，有較強止嘔能力，但無法止暈；至於散裝的，止嘔能力較弱，但可以止暈。因此，如果單吃一種無法紓緩不適，可再服用另一種。至於食慾不振，通常持續數天，體重亦有機會在這數天期間下降，但之後會回升。根據過往經驗，絕大部分病人的體重都會回復正常，因此毋須太過擔心體重會一直下降。

紫杉醇

相比紅魔鬼，紫杉醇所引起的嘔吐反應較為輕微，因此患者

亦毋須服用效力強勁的止嘔藥。不過，因紫杉醇而引起的關節痛／不適則較多。多西紫杉醇有可能引起水腫、出疹問題，病人大多數都不會在接受化療的同一天出疹，而是在化療四、五日後才會發現出疹問題，如出現出疹，可服用止敏感藥。

剛才提到病人接受紅魔鬼後有機會變得燥熱，便秘問題也會伴隨而來；至於接受紫杉醇治療的病人則相反，會有肚瀉問題。如出肚瀉，便需要服用止瀉藥，以防肚瀉影響自己休息。

另外，還有一些病人會感到手痹腳痹，這些症狀通常在病人接受第三、四針後才出現，一旦症狀出現，之後便難以消退，因為牽涉神經病變。然而，不用太過擔心將來會否殘廢，這種情況甚少出現，不過這種麻痹感會持續一段時間，但大部分病人亦能慢慢適應，甚至在過一段時間後，麻痹感會消散，因此毋須太擔心。

升白針

不少病人會注射升白針，部分病人覺得注射升白針較接受化療辛苦。通常，注射升白針會導致關節痛、輕微發燒、流鼻水。如果遇到這些情況，建議服藥。如有流鼻水，可服用收鼻水藥；如有關節痛，可服用含 Paracetamol 的藥物；如情況未有好轉，可服用含消炎成分的止痛藥，相信已可紓緩不適。使用較好質素的

藥物，可大大紓緩化療引起的副作用，從而改善病人的睡眠質素，切忌強忍，否則會導致睡眠及休息質素變差，影響恢復進度。

化療後發燒 |

若病人於化療後發燒，後果可大可小。一般而言，病人化療後的抵抗力較低。本來，白血球低已有機會導致發燒，但白血球低而同時有細菌感染，亦會引致發燒——當白血球低加上細菌感染，細菌入血的機會便相當高。細菌入血，即敗血症，死亡的風險相當高，因此醫生需小心處理每個化療後發燒的個案。

一般建議病人如化療後發燒，即體溫超過攝氏 38 度，便須立即告知醫生情況，醫生或會安排患者入院接受抗生素治療，或抽血評估是否需要注射升白針，以及衡量病人是否需要長時間服食抗生素。所以，切記發燒是化療後最需要注意的事情！

至於其他副作用，一般可透過簡單用藥輕鬆處理，不會構成太大問題。因此，由一開始非常擔心化療，到患者擅於處理副作用，不經不覺間，很快便完成了四、六、八針的化療療程。

化療前的準備

疫苗的準備 |

手術後，在傷口尚未完全痊癒期間，如果預計即將接受化療，可先接種預防疫苗，如流感疫苗、肺炎鏈球菌疫苗，加一些帶狀疱疹（俗稱為「生蛇」）疫苗，如能夠在接受化療前四個星期接種，都是一種安全的做法。

COVID-19 疫苗

癌症病人應否注射 COVID-19 疫苗——綜合分析：

癌症病人是否有需要接種疫苗？

Yes，根據最新歐洲腫瘤學會建議，由於癌症病人感染 COVID-19 後的併發症及死亡風險比較高，所以癌症病人屬於優先接種疫苗群組。希望透過接種疫苗後，透過身體產生的抗體來減少癌症病人感染後所引起的併發症，或者減少受感染的情況。

疫苗是否對癌症病人安全？

Yes，無論是減活疫苗（科興），或者是核酸疫苗（復必泰），都沒有致病的病毒，所以即使癌症病人抵抗力弱，也不會因為接種疫苗而受到感染。雖然注射疫苗後有不同程度的副作用，但絕大部

分的副作用都屬輕微，過敏反應或其他罕見的副作用並不常見。

癌症病人不適合接種減活疫苗，如麻疹腮腺炎德國麻疹混合疫苗（MMR）、噴鼻式流感疫苗、水痘疫苗、預防帶狀疱疹疫苗、口服小兒麻痺症疫苗、傷寒疫苗等。因為癌症病人接種這些疫苗後會有感染的風險！減活疫苗與滅活疫苗是不同的，所以大家不用擔心使用滅活疫苗，只是現有數據顯示，香港所提供的滅活疫苗能夠製造抗體的機會率只有一半，如果參照癌症病人接種流感疫苗後產生抗體機會率有大約兩至三成折扣的話，那很大機會折上折了。當然，最好有實質數據在手，現在一切都是憑空說話。

哪一種疫苗適合癌症病人？

核酸疫苗似乎比較適合腫瘤病人。根據最新一期的《新英倫醫學雜誌》（2021年2月號），公開以色列群眾接受疫苗後的大數據，當中亦包括癌症病人的數據，發現長者、長期病患者以及癌症病人注射疫苗後，有效率高達90%！這是非常鼓舞的數據。

首先，癌症病人的抵抗力比較低，即使是注射其他滅活疫苗後，能夠產生抗體的機會已經比一般人大打折扣，再加上這是新型疫苗，即使是專家，也未能準確掌握癌症病人是否能成功製造抗體，所以雖然大家遲遲不敢確實哪種疫苗適合大家，但現在起

碼有一個大型數據是涉及過萬腫瘤病人的數據，有數據依循，不再是空說理論。

哪些腫瘤病人不適合接種疫苗？

一般而言，長期病患而病情未受控制的病人，由於身體情況隨時會因為自己的病患而惡化，因而未能受惠於疫苗的保護作用。這個道理亦應該應用於腫瘤病人上，若有些腫瘤病人的病情已進入器官衰竭階段，或者治療期間有多種併發症的話，可以是不宜接種的原因。如果身體情況突然轉差，很難界定這是否是因疫苗而引起的，因為自身病情也變化莫測。另外，如果本身對其他疫苗有過敏史，接種疫苗後敏感的風險亦會增多，要多加留意。

最後，理論上，由於大部分腫瘤病人病情穩定，如果在抗癌治療期間進度理想，同時沒有其他長期病患，或其他長期病患是受控的話，接種疫苗是需要的！由於每個腫瘤病人的病情不同、治療不同（治療亦非常複雜，有機會是化療、標靶及免疫治療同時進行中），再加上有其他長期病患，例如高血壓、糖尿及心臟病等，所以建議大家最好跟主診腫瘤科醫生商討。

流感疫苗

癌症病人會較易患上流感嗎？

沒有確實證據證明，但一般來說，癌症病人的免疫力較差，特別在接受治療之後，所以理論上患流感的風險較高，而因流感而引致併發症的風險亦會較高。

癌症病人是否適合注射流感針？

流感針分兩大類，一種是注射，適合所有癌症病人；一種是滴鼻，這不建議，因屬於「活疫苗」（含有活微生物體的疫苗），如病人抵抗力弱，極大可能「無病變有病」。

正在接受癌症治療，會不會不適合注射流感針？

不會。但接受治療期間，癌症病人的免疫系統較弱，因流感針而起的保護能力也比一般人低，所以通常會建議病人在做化療或電療前兩星期注射流感針。

流感肆虐，癌症病人有甚麼自保方法？

一般預防流感的方法同樣適用於癌症病人，例如勤洗手、打噴嚏時掩住口鼻、有病時留在家中休息等。此外，癌症病人亦可考慮打肺炎鏈球菌針，以減低肺炎風險。

肺炎鏈球菌疫苗

肺炎鏈球菌疫苗亦屬於滅活疫苗，可分為兩種：一種是 13 價，另一種是 23 價。雖然兩種皆可接種，但一般不會同時接種。

事實上，肺炎鏈球菌疫苗與流感疫苗不同。在化療期間注射肺炎鏈球菌疫苗的話，身體製造抗體的能力較低，成效大打折扣，增加白白注射的機會。所以，指引一般建議儘量在化療開始前四個星期接種疫苗，從而產生足夠抗體，以在化療期間保護病人免受肺炎鏈球菌感染。

另外，完成化療後最少三個月後需要再次接種，才可以產生足夠抗體。由於肺炎鏈球菌針與流感疫苗不同，流感疫苗需要每年接種，而肺炎鏈球菌疫苗則不用每年接種（一生人可能只需要接種一至兩次），而且接種 13 價後，起碼需要相隔八個星期才再接種 23 價。如果病人從來未接種過肺炎鏈球菌疫苗，又想在化療前接種兩種疫苗，時間會過於緊迫，因此一般不會建議此做法。

預防帶狀疱疹（預防「生蛇」）疫苗

有癌症病人懼怕帶狀疱疹，並問及能否接種預防帶狀疱疹針。其實水痘與帶狀疱疹的病毒一樣，而抗水痘疫苗和傳統的抗帶狀疱疹疫苗皆屬滅活疫苗，所以絕對不建議正在接受化療時接種，

因為會變相誘發水痘和帶狀疱疹。如果病人需要接種，建議在化療前起碼四至六星期接種，確保有足夠抗體保護的同時，又不會因為之後需要接受化療而發生感染。

新型抗帶狀疱疹針

最近，香港已經引入新型抗帶狀疱疹針，由於不是減活疫苗，適合癌症病人在抗癌治療期間使用，對於 50 歲或以上的實體腫瘤病人來說，即使在治療期間注射疫苗後，也有 90% 機會在注射疫苗後有足夠抗體預防帶狀疱疹，以及對抗帶狀疱疹後所引起令人困擾的神經痛。而且，一年後仍能偵測到抗體，以達到持久保護的效果。這個疫苗總共要打兩針，前後相隔一至兩個月。

參考資料：https://pubmed.ncbi.nlm.nih.gov/30707761/

HPV 疫苗

現時最受追捧的子宮頸癌疫苗，如已經接種兩劑，還有第三劑未有接種，現在還應該接種嗎？其實病人毋須急於接種這種疫苗，雖然子宮頸疫苗屬於減活疫苗，癌症病人可以接種，接種後亦不會受感染；但因為身體產生抗體的能力低，接種後的成效較差，因此不值得在這期間接種，建議病人在完成化療三個月後再注射其餘的針。

口腔護理的準備 |

如果即將接受化療，建議病人先進行牙齒檢查，如有蛀牙可先行處理，以減低化療期間牙肉發炎的風險。

除此之外，在飲食方面，西醫並沒有主張病人戒口，建議病人少吃多餐和遵循均衡飲食，以補充碳水化合物、蛋白質為主，多菜少肉，並進行適量運動，調整身體狀態去迎接化療。

生育的準備 |

對於一些較年輕病人來說，需視乎病人本身有沒有生育的計劃，如有生育計劃，可考慮於接受化療前儲存胚胎或卵子。這些都需要儘早安排，例如病人或需要接種排卵針，才可以抽取卵子作人工授精或冷凍保存；而男士亦可以抽取及儲存精子。因此，如有這些打算，應儘早告知醫護人員。譬如由接種排卵針到儲夠足夠卵子，有可能意味需要延後化療六至八個星期。因此，及早安排便可確保治療進度不會受影響。

外觀的準備 |

對於一些比較愛美的姊妹來說，不少姊妹會擔心化療影響外觀，到底有甚麼方法應對？

化療或有可能導致脫髮，因此，癌症患者可預先配置假髮。現時，不少假髮產品的像真度極高，有些用真髮織成，佩戴後可再到理髮店根據自己的臉型修剪，以確保假髮配襯自己的臉型。

　　除了假髮之外，癌症患者亦可考慮佩戴冷凍帽。使用冷凍帽，能讓頭皮溫度迅速下降，並維持於約攝氏 18°C，令頭皮血管收縮，可降低進入頭髮毛囊細胞的化療藥物劑量，及減輕化療藥物對頭髮毛囊的損害，從而減少脫髮。癌症患者可以事先搜集資料，看看哪裏可以提供這頭皮冷凍治療方案。

　　很多人會問，是否用冷凍帽就不會甩頭髮？根據經驗，對於外國人來説，效果會比較好，本地病人縱使使用了冷凍帽，一般也會脫落一半或以上的頭髮，但完成化療後的回復情況會比較理想，所以仍然值得考慮使用。然而，成本並不便宜，而且過程亦比較艱辛，這些都是重要的考慮因素。

　　除了頭髮之外，患者接受化療期間，眉毛亦有可能掉落，故建議病人預先購買眉筆，並在眉毛掉落之前練習為自己畫眉，以免在眉毛掉落後才逼迫自己立刻學習畫眉、畫眼線，這些都是可以預先準備的。

　　至於護膚品，以乳癌病人為例，需要儘量避免接觸一些含女性

荷爾蒙的產品，以免刺激癌細胞生長。現時，市場上有一些護膚品的防腐劑成分或含有女性荷爾蒙，因此病人可預先做好資料搜集，篩選出一些不含防腐劑、較適用於化療期間的產品，尤其是具保濕功效的化妝品。由於化療或會引致皮膚乾澀，如使用了一些不含防腐劑的保濕產品或化妝品，便有助於化療期間保持美貌。

不少癌症病人沒有向外人透露自己正接受化療，而外人根本無法從病人的外貌得知，因此癌症病人可以及早準備。

化療期間服用中藥的困惑

不少癌症病人接受化療期間，認為中藥可以調理身體、紓緩化療副作用，亦有人相信中西合璧定會令治療效果更加顯著，令化療進度更為理想。病人希望能夠在得到腫瘤科醫生的同意下服用中藥，從而達到他們期望的效果，但醫生卻普遍不建議病人在治療期間同時間服用中藥，箇中原因，並非因為醫生否定中藥的效用，只是擔心西藥和中藥兩者混合後會發生相互作用，影響病人的肝腎功能，繼而影響治療成效。

尚未證實中西藥學無衝突 |

中醫學博大精深，每一條藥方內含的成分複雜，只要稍微改變藥材的分量或煮法，療效和副作用可以截然不同。儘管現今科

技發達，仍難以有系統地將不同的化療、標靶，以至免疫治療藥物與不同種類、分量的中藥全盤納入考量，只為避免兩種藥物的藥性互相影響。再者，西醫系統講求科學根據，而目前實在未有足夠數據證明化療與中藥並無衝突。

中西藥同用 難以區別副作用 |

所謂是藥具三分毒，尤其是用於治療癌症的藥物，皆有可能影響肝腎功能。若然在西醫治療開始時，同時以中藥調理，當出現肝腎問題時，醫生便難以區別是中藥還是西藥引致，或是因兩者的化學反應而起。我經常以顏色作比喻來向病人解釋，假設中藥是黃色，西藥是藍色，肝腎功能受影響後就是兩者混和的綠色。由於現時暫時未有方法區別藍色與黃色的比例，所以若肝腎功能受到影響，醫生便可能需要調整藥物分量，甚至停止藥物治療——這會影響治療進度。

治療腫瘤是相當複雜的，除了抗癌藥物之外，假如病人還患有其他疾病，例如高血壓、糖尿病等，醫生便需要協調病人本來已經在服用的藥物。若病人沒有服用中藥，腫瘤科醫生便可以清晰地評估病人對藥物的反應，並根據情況調整藥物的劑量，同時醫生與病人也不用額外承擔難以估計的風險。

灰色地帶 靠醫患關係維繫 |

癌症畢竟是一種頑疾，醫生明白，病人與家屬都希望用盡世上所有方法去治療，而對於醫生的斷言拒絕，一些病人或會覺得失望、不甘，甚至有病人索性不和醫生溝通，偷偷服用中藥。

治療初期，患者應避免進食一些含天然成分的補充劑，如靈芝、雲芝，或一些含中藥成分的保健產品及食物。到治療開始一段時間後，醫生已經掌握了初步數據，知道患者沒有承受太大副作用，便可以採用循序漸進的方式進食這些食品。作為醫生，定願意跟患者共同承擔風險，並在患者進食補品後監測病況數據有否出現偏離，再視乎情況作出微調。

至於中藥調理，如果有腫瘤專科中醫，而其中醫亦熟悉中西醫之間的藥物反應，同時，中西醫之間能就同一個病人的情況有緊密溝通的話，理論上可以將中西合璧治療的風險減到最低，達到最好效果以及最低風險，但必須強調，這是需要三方共同承擔的風險！

術後輔助化療新動向──荷爾蒙受體陽性乳癌

醫療發展日新月異，無時無刻都會發現醫療新突破。對於乳癌病人而言，即使患上以前稱為的「不治之症」，現時已成功研

發了不少更有效的治療方案，從而減低復發風險。同時，醫療界亦進一步掌握了乳癌的生物特性，助醫生更有效安排個人化的輔助治療方案。以下會集中向大家分析荷爾蒙受體陽性（HER2 受體陰性）乳癌病人的術後輔助化療新動向。

第一期或部分第二期乳癌病人 |

考慮採用乳癌基因檢測，避免過度治療（Overtreat）或不足治療（Undertreat）。

在臨床使用的乳癌基因檢測未被廣泛使用前，醫生會視乎病人的腫瘤大小、淋巴感染數量、乳癌類型（三重陰性、HER2 陽性、管腔 B 型或管腔 A 型）和其他病理特質，以及病人的年紀及病歷來訂立手術後的輔助治療方案。不過，醫療界漸漸發現，傳統所用的風險因素並未能讓醫生有效地篩選最適合需要化療的病人，變相出現低風險的病人採用化療後導致過度治療的情況，而高風險的病人卻因沒有使用化療而造成不足治療。

現時，病人可以考慮透過乳癌基因檢測，化驗已經被切除的乳癌標本及進行基因分析，再用另一個更準確的層面估算荷爾蒙治療對輔助化療的成效，才決定進行化療。乳癌基因檢測可以篩選出低復發風險的病人。故此，腫瘤較小、涉及淋巴數量較少（少於四粒），有機會免受化療之苦。

一直以來，病發時小於 35 歲的，都被視為高風險復發的一群，所以建議年輕病發的乳癌病人進行輔助化療。但是，最近有數據顯示，年輕病人進行化療之所以有助改善病情，某程度是因為化療令她們提早停經，從而提升荷爾蒙治療的成效，並非單純化療的成效。而提早收經以及服用芳香環轉化酶抑制劑（Aromatase Inhibitor, AI），有助減少復發機會，效果亦非常顯著。所以，年紀較輕的病人會建議使用停經針和服用芳香環轉化酶抑制劑的治療方案。至於已停經之病人，即使有 1 至 3 粒淋巴受感染，亦不一定要打化療，可考慮透過乳癌基因檢測的復發評分（Recurrence Score, RS），如 RS 少於 26，便可放心只用荷爾蒙治療。

部分二期或第三期的乳癌病人 |

可以因應個別病人的情況選用標靶輔助治療。除了部分早期乳癌病人可以考慮降階治療方案（De-escalation），對於比較後期的乳癌病人，亦會建議升階治療方案（Escalation）。如果是高風險復發的病人，除了荷爾蒙藥加化療以外，可以考慮採用兩年的輔助 CDK4/6 標靶治療。有數據顯示，其中一種 CDK4/6 抑制劑有機會增加無復發存活期，這是現在比較前衛的醫學建議。如果病人是乳腺癌遺傳基因（BRCA）攜帶者的話，可以考慮一年的輔助 PARP 抑制劑（一種能夠影響癌細胞的自我複製方式的標靶藥）

標靶治療，希望可以進一步減低復發風險。由於每個病人的情況都需經過專業分析，不能一概而論，所以建議病人應先與主診醫生詳細討論。

治療選擇越來越多，而且醫學背後理論也越來越複雜，醫生明白每位病人及家屬均十分希望能從網上得知最新的治療數據和資訊，但網上涵括了不同的醫學數據，並不是一般病人能夠自己解讀和消化的。因此，建議大家在網上了解部分資訊後，再與主診醫生就自己的情況進行專業討論和分析，這才能有效選擇適合病人的最佳治療方案！

參考資料：

1. https://ascopubs.org/doi/full/10.1200/EDBK_320595/

2. https://ascopubs.org/doi/10.1200/JCO.20.02514?url_ver=Z39.882003&rfr_id=ori:rid:crossref.org&rfr_dat=cr_pub%20%200pubmed/

3. https://www.nejm.org/doi/10.1056/NEJMoa2105215?url_ver=Z39.882003&rfr_id=ori:rid:crossref.org&rfr_dat=cr_pub%20%200pubmed/

電療篇 |

甚麼乳癌病人需要接受輔助電療？

· 部分乳房切除病人

· 淋巴受到感染之乳癌病人（即使已經全個乳房切除）

對於部分乳房切除之乳癌病人來說，由於只是將有毒的樹連根拔起，山頭仍在，要用電療處理山頭有機會遺留的有毒種子。

至於淋巴受到感染之乳癌病人，即使山頭已經被清除，山腳還有比較高風險的種子。針對這些情況，醫生便會考慮使用電療，從而在山腳位置地氈式去清除種子。

有部分病人需要在同一時間、在整個森林進行全身性化療和標靶治療，之後再在山腳清除種子。醫生會建議病人在接受化療和標靶治療後，再接受電療，及後再繼續標靶療程。

輻射如何治療癌症？

要了解輻射如何治療癌症，就要由人體細胞如何生長說起。我們身體裏的細胞不論正常與否，都需要透過細胞分裂——即一變二、二變四、四變八的方式去生長。癌細胞的生長週期比一般正常細胞快得多，因此會在短時間內擾亂身體不同器官的功能平衡，

導致器官衰竭，繼而奪取人命。

透過將輻射射進體內，便可影響癌細胞及正常細胞的生長週期，繼而使其無法進行下次細胞分裂，令細胞生長停頓，而停止生長的癌細胞則會自然被人體吸收。由此可見，電療會同時影響癌細胞和正常細胞，所以要靠專業技術將輻射聚焦於癌細胞範圍，儘量減少對正常細胞的影響。

電療如何將輻射射進細胞？

電療的方式，一般可分為外電和內電。外電是將輻射由體外射進體內，好比進行電腦掃描，病人只需躺在床上，輻射便會透過電機機頭射進體內；內電則是將含有輻射的藥物，透過進食或注射的方式，進入病人的體內，讓輻射走遍全身。

補充一點：外電治療不會令身體積聚輻射，病人進行治療後，不用擔心回家後會釋放輻射物質，因此，病人可以和家人有一般正常的身體接觸。至於接受內電治療的病人，由於體內的輻射物質會慢慢釋放，所以病人和家人相處時有特別的注意事項。

常見副作用

短期副作用為皮膚發紅、皮膚脫屑、乳房水腫（只限於保留乳房的病者）、輕微吞嚥困難；長期副作用為手臂水腫（發病率

約 10%)，經照射的皮膚會出現硬化或色素轉變。

較罕見之遠期病變（發病率少於 1%）

- 肋骨折斷／軟組織纖維化所引致的肩膊活動度減低。

- 臂神經叢症狀，如肩膊不適、手臂及手掌麻痺／感覺異常或無力。

- 輻射性肺炎，如乾咳、氣促及輕微發熱。

- 引致另一種惡性腫瘤，如乳癌、肺癌、肉瘤、急性非淋巴性血癌。

- 心臟及大血管的損傷，並導致心臟及心血管死亡率輕微增加。

注意：放射治療期間，病人均應採取避孕措施。

電療前、中、後的皮膚護理方法

提起電療，不少病人都會感到害怕，因為想起嘔吐、掉髮、食慾不振等副作用。除此之外，電療後的皮膚反應也是很多病人關注的問題，大部分病人覺得電療一定會令皮膚發炎、變黑、潰爛，甚至滲出血水，還未開始電療便已經被自己的想像所嚇怕——請勿被電療嚇怕！

事實上，過往大多數電療引致的嚴重皮膚反應，都集中在頭頸部，亦並非所有接受電療的病人都會經歷皮膚反應。加上多年來電療技術有所進步，其對皮膚的副作用已經大大減少。

以下為大家講解電療後皮膚有可能出現的反應，以及各種電療皮膚護理方法，希望大家不再受因電療引起的皮膚反應而困擾。

電療後皮膚一定會發炎、變黑、潰爛？

首先，病人一定要清楚知道，電療不一定會引起皮膚反應。電療的部位、方式、劑量，甚至是自身因素，例如種族、年紀、病情等，都是影響引發皮膚反應的因素，好像有些人天生容易曬黑，亦有些人即使被太陽曬足全日，也只會有一點點發紅而已。如果電療的方式比較傳統、劑量較大、電療部位較敏感的話，都會增加出現皮膚反應的機會。

電療開始前，其實醫生透過病情、電療位置、劑量，以及個人特質等，可以初步估算出病人會出現多大程度的皮膚反應，從而令病人有充足的心理準備將會面對甚麼副作用和留意副作用的出現。最重要的是，病人要清楚知道在甚麼情況下需要向醫護人員求助。同時，在進行電療前，醫護人員會教導病人有甚麼預防措施和護理方法，以延遲皮膚反應的出現，甚至可以減低嚴重程度。

2020 年 4 月,英國放射技師協會(The Society and College of Radiographers)發表的一份研究報告指出,近年有關電療的技術大幅提升,令電療的方式和劑量有所進步,大大紓緩了很多病人所受之苦。以乳癌患者為例,以往患者進行電療的時間大約需時五至六星期,現時可以縮減至三至四星期,副作用大幅減少之餘,復發機會亦沒有增加。

雖說如此,只依靠電療方式和劑量的改變去減少皮膚反應的話,對病人本身的幫助並不大,因此醫護人員仍然建議病人在電療前、電療期間和電療完成後,仔細護理及留意皮膚狀況。

皮膚護理注意事項 |

電療前:保持皮膚健康

· 除了以上提及,醫護人員在電療進行前可以估算出病人會不會出現皮膚反應外,也建議病人確保皮膚維持在最佳狀態。如果之前曾做過手術,便要確保手術傷口已經完全康復。此外,需要電療的皮膚部位也要避免任何曬傷、濕疹發作、牛皮癬等皮膚問題。

· 飲食方面,病人可多吸收蛋白質,幫助傷口癒合。

· 病人最好戒煙,以及為電療照射的皮膚部位做好防曬工夫。

電療期間：多留意皮膚狀況

　　病人應時刻留意皮膚狀況，例如有沒有痛楚或痕癢。萬一病人在電療期間出現任何皮膚不適，應該立即聯絡醫護人員，醫生亦會根據患者出現的皮膚狀況，界定屬於甚麼級別的皮膚反應。

由電療引致皮膚炎的等級分別參考

0 級	1 級	2A 級	2B 級	3 級
皮膚無明顯改變。	出現細小紅斑，皮膚少許繃緊以及輕度痕癢。	紅斑變大，皮膚明顯繃緊，發癢和疼痛。	皮膚出現脫皮，開始有破損。黃色或綠色的分泌物可能會從皮膚滲出，而且會感到痠痛和水腫。	皮膚脫皮更明顯，明顯見到皮膚有破損。肉眼可見皮膚上有黃色或綠色的分泌物滲出，也有更明顯的痠痛和水腫。

電療後：切忌立即鬆懈

　　好不容易度過了電療的難關，許多病人都急不及待想放鬆一下——在此提醒各位病人，有些皮膚反應未必會在電療期間立即出現，有機會只是還未發生——這種情況以乳癌病人最常見。

　　有些病人在電療完成後，可能會去旅行獎勵自己，但需要注意的是，電療病人在治療後不能立刻游泳或浸溫泉。縱使完成了電療，有些皮膚反應也可能在治療後十至十四天才出現，所以電療

期間所做的皮膚護理工夫，也建議在電療後繼續進行大約兩個月，這才可以確保大部分皮膚反應是否不會出現。當然，實際情況仍要根據病人的個別情況而定，醫護人員在治療前都會跟病人解釋詳情及電療後要注意的事項。

電療皮膚護理的三大原則

「可不可以洗頭髮？」、「電療後皮膚擦甚麼比較好？可不可以塗潤膚霜？要塗多少？」、「蘆薈啫喱可不可以用呢？」……以上都是一些病人在電療時經常提及的問題。對於電療期間以及電療後的皮膚護理，在此和各位分享三大原則——

1. 減少摩擦受影響部位：

    如病人洗澡後使用毛巾擦乾皮膚，可能會造成刺激，可以慢慢印乾皮膚；同樣，病人在洗頭後也要避免使用電風筒，最好用毛巾印乾頭髮的水分，減少對頭皮的刺激。如果男性病人在鬚根位置進行電療，亦要儘量避免剃鬚，以及使用含有脫毛成分的產品。

2. 減少刺激受影響部位：

    例如選擇沐浴露和洗頭水時，要選一些沒有刺激皮膚、對皮膚溫和的成分的產品，並減少使用含有化學成分以及抗生素

的護膚品，這些化學成分有機會對皮膚造成刺激，尤其當皮膚已經受損時，更應避免。另外，防曬也是一個主要避免皮膚受刺激的元素，因為電療後的皮膚非常敏感，適當塗上防曬以及做好防曬工夫，可以抵擋紫外線對皮膚的傷害。

3. 為皮膚保濕：

病人在選擇含有保濕成分的用品時要非常小心，避免使用含有十二烷基硫酸鈉（Sodium Lauryl Sulfate）及氧化鋅（ZincOxide）的隔離霜，因為這些成分可能會刺激皮膚；也要避免選用一些含有會加深電療皮膚反應的成分的產品。

為何某些保濕產品都不適合電療病人使用？其實，在電療期間使用保濕產品的原因，是為了減少皮膚的痕癢不適。關於使用保濕產品，很多病人會首先想起適合濕疹人士使用的白凡士林（俗稱「豬油膏」）、水性乳霜（Aqueous Cream，簡稱 AQ Cream）及蘆薈啫喱。

不過，白凡士林和水性乳霜都不太適合電療病人使用，因為兩者的質地較厚，如果在電療前使用的話，皮膚面層會被加厚，這反而會增多在皮膚上的電療劑量，並增加了引起皮膚反應的風險。

至於蘆薈啫喱，同樣不太適合。曾經有位乳癌病人在電療時使用蘆薈啫喱，希望為皮膚保濕，結果乳頭位置爆發濕疹，影響之後的療程。如果在皮膚上使用蘆薈會乾得非常快，實在不宜單獨作保濕之用。

雖然天然產品有獨有的好處，但不一定能夠有效紓緩電療病人的皮膚不適，有些人甚至會使用自家種植的蘆薈，然而，蘆薈表皮的黃色部分含有大黃素，容易引發皮膚敏感，如電療病人使用的話，更加不堪設想。

另外，許多電療病人會將保濕產品當成太陽油般使用——這是以為塗太陽油能預防曬傷的道理，因擔心電療會引發皮膚反應，所以在進行電療前多塗保濕產品，以為可以減少對皮膚的傷害——其實這是大錯特錯的做法，甚至會適得其反。舉例來說，如果病人需要在早上進行電療，醫生一般會建議在前一日下午塗上保濕產品，在前一日晚上和進行電療的早上，就不要再補塗了。

當然，電療完成後，病人甚麼時間使用保濕產品都沒有問題，有需要或以藥物紓緩不適。電療期間，除了病人自己需要注意皮膚護理外，如果出現任何問題，都可以求助於各位醫護人員。

如果皮膚反應比較嚴重，一般疼痛、痕癢的情況，醫生會決定是否處方藥物以緩和不適情況；如有脫皮及損傷，醫生會視乎情況而可能處方抗生素給病人服用；至於傷口護理方面，電療部位的皮膚周邊都是非常脆弱的，如果使用一些黏力特強的膠布，可能會令甩皮情況更加嚴重。一般來説，醫生都會使用一些黏力較低，並不會黏着皮膚的膠布，為病人進行皮膚護理。同時，醫生亦不會在傷口上覆蓋厚厚的護理產品，因為這樣變相會增加電療的反應。

得益遠超副作用 |

各位病人需要留意，即使電療完成後六星期已經出現所有皮膚反應，並妥善處理，並不代表之後不會再有任何電療的副作用。有些後期的電療副作用，可能在幾個月，甚至幾年後才會出現，例如皮膚纖維化、淋巴水腫、皮膚健康受損而導致皮膚發炎、皮膚變薄而令微絲血管湧現等。

雖然電療是使用輻射作治療，可能會在正常細胞裏產生病變，並導致若干年後，電療範圍出現由電療引起的腫瘤，不過這個情況極為罕見。電療病人很多時會被道聽途説的副作用所嚇怕，其實電療是治療腫瘤的有效方法，既可預防復發，亦是以根治腫瘤

為目的的治療方式，病人的得益絕對是遠超過副作用，所以大家千萬不要因前文提到的電療副作用而害怕電療。

其實，醫學界一直在進行不同研究，希望從電療劑量、方式、護理方法等，透過不斷改進，既幫助各位電療病人將副作用減到最低，又可以達到最高的治療效果。由於時代進步，病人因電療的皮膚反應而有極大困擾的情況已經非常少見，大部分病人都認為電療引致的副作用是可以接受的。同時，相信將來會有更多方法令病人可以更加舒適地進行電療。或者誇張地說一句：「希望科學家可以研發到方法，令我們免受癌症和治療之苦，那就更好了！」

不同的電療技術

在公立和私家醫院接受電療到底有甚麼分別呢？兩者主要有五大分別：費用、時間、自由度、電療機器、電療技術。首三項相信大家都很易理解。在公立醫院接受電療，費用必然較私家醫院低廉，但等候時間較長（一般約三至四星期），而且不能自由選擇醫生和治療時間。在電療機器方面，除了伊利沙伯醫院配備了螺旋刀（Tomo）外，全港公立醫院採用的都是直線加速器（Linear Accelerator）；而私家醫院則配備較新型號的直線加速器、螺旋刀、伽馬刀、數碼導航刀（CyberKnife）等。

根據臨床經驗，對於大部分的電療方案，直線加速器已能達到非常好的效果，實在毋須在電療設備上「追新款」。那麼，既然公立和私家醫院同樣採用直線加速器，兩者是否能做到同樣的效果呢？那便要看看所用的電療技術了。

事實上，直線加速器只是一個統稱，涵蓋很多不同電療方式，包括最簡單的二維電療技術和三維電療技術（以下簡稱 2D 治療、3D 治療），以至現時私家醫院大多採用的強度調控治療（IMRT）和弧形調控治療（VMAT）。

效率較高但副作用較多：2D 和 3D 治療

如果人體是蘋果，腫瘤是中間的蘋果芯，那麼蘋果肉就是腫瘤周遭的器官和組織。當電療的輻射照射到蘋果肉，會導致各種副作用。假設我們要攻擊的目標是食道內的腫瘤，受牽連的便可能包括胸、心臟和脊椎，導致各種副作用。最理想的電療方式，當然是避開蘋果肉，直接將輻射照射到蘋果芯，但這不可能做到。退而求其次，我們希望做到的，就是在攻擊到蘋果芯的同時，儘量減少對蘋果肉的傷害。

2D 治療

透過一至兩個入射角度將輻射照射入體內。正如圖一所示，

如只從前後兩個方向進行電療，將有很大部分的蘋果肉會受到牽連（即圖中黃色長形部分）。

不論是設計還是執行電療的時間，均較 3D 治療為短。

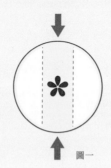

圖一

3D 治療

透過兩個以上的入射角度將輻射照射入體內。可利用電腦掃描造影，更準確掌握腫瘤位置，並且更精準計算輻射在每個入射角度的分佈。正如圖二所示，如從前、後、左、右的四個方向進行電療，便可將目標鎖定（即圖中黃色四方部分），減少無辜受到牽連的地方。

3D 治療牽涉較多工序，需時較 2D 治療長。

由於 2D 治療和 3D 治療可在相對短的時間內處理大量病人，這兩種方式佔公立醫院整體電療個案約八成。雖然效率較高，但會令腫瘤附近較多無辜器官或組織受牽連，產生的副作用較多。

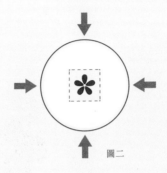

圖二

精確瞄準目標：IMRT 和 VMAT 治療 |

同樣採用直線加速器，如何達到減少副作用的目的呢？答案就在於所採用的電療技術。如果運用 IMRT 和 VMAT 技術，以電腦精確計算入射角度和劑量，便能在攻擊蘋果芯的同時，儘量避免蘋果肉受到傷害。由於兩種技術都涉及複雜的物理概念，在此只能略作介紹。

看過 2D 和 3D 治療的分別後，想必你能理解到，入射角度越多，便越能仔細瞄準腫瘤位置。如圖三所示，如環繞腫瘤從 360 度進行電療，目標便能鎖定為一個圓形。

圖三只是平面圖，但真實的腫瘤是立體而且形狀不規則的圖四。在此情況下，除了要從 360 度進行電療外，更要因應腫瘤形狀，控制每個入射角度的劑量，從而規劃出最有效攻擊目標，同時將副作用減至最小的電療方案。

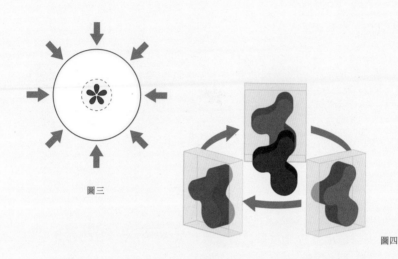

圖三

圖四

　　可想而知，IMRT 和 VMAT 治療無論在電療設計以至執行上，都需要更多人力物力，所用時間比起 2D 和 3D 治療超出幾倍，現實上未必能夠在公立醫院廣泛採用。

　　當然，因應不同類型的癌症和腫瘤的位置，我們可再深入探討最適合的電療方式。以上，主要是簡介利用直線加速器作 2D 和 3D 治療，以及較先進的 IMRT 和 VMAT 技術之間的分別，讓大家有基本的了解。決定在公立和私家醫院接受電療，有着不同需要和考慮因素，最重要的是選擇能配合及適合自己的方案。IMRT 和 VMAT 技術無疑較為先進，但費用相對較高，亦並非所有癌症都有必要使用。若對不同電療方案仍有疑問，鼓勵你主動向主診醫生查詢。

VMAT 與螺旋刀之間怎樣選擇？|

隨着醫療科技的提升，電療已非只是「電死」癌細胞那麼簡單。現時的電療技術除了可以更精準地將能量射向腫瘤，提升療效，也可以降低對周邊健康組織的傷害，顯著減少治療帶來的副作用。醫生亦會因應不同情況，採用不同的電療技術，為病人爭取最佳效果。以電療治療左乳房／胸部為例，VMAT 和主動式呼吸調控技術的電療方案似乎比較適合。

VMAT 是指，電療儀器會在病人身體外圍，以弧形的方向旋轉，並因應腫瘤的位置準確地放出放射線。除了射線的照射角度比傳統的電療技術更靈活、更具彈性，電腦在設計電療規劃和進行治療的時候，更可以調控射線的強度。如果預測從某個角度照射會對正常組織造成較大傷害，電腦系統便可利用精密複雜的運算技術，根據醫生的臨床需求，將各個角度的射線強度調整至最佳水平，既可以將高劑量射線集中於腫瘤區域，又可以盡可能減少對正常組織造成的傷害。如需要減少對主要器官如肺部、心臟主要血管的電療劑量，VMAT 配合主動式呼吸調控技術雙劍合璧，效果更勝螺旋刀。

至於主動式呼吸調控技術，則由於病人呼吸時肺部活動會改變

腫瘤的位置，而電療規劃就可以因應病人的呼吸而調節。度身訂造射線，可減少對肺部、心臟、左前降支動脈（左邊乳房）及肝臟（右邊乳房）的電療劑量，從而減低電療引起的長遠後遺症。在治療期間，病人需要深深吸一口大氣，然後忍着二十至三十秒——每次電療均需要忍耐幾個循環。

治療師會透過儀器監測病人的情況，以確保病人能夠穩定地忍氣，才會啟動治療。由於整個電療過程涉及眾多人力物力，所以牽涉這些技術的電療方案都花費龐大，一般約需港幣二十多萬，通常會超出一般醫療保險的覆蓋範圍！

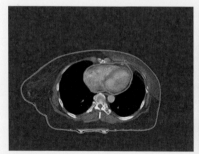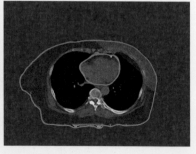

透過深深吸氣，能夠讓胸壁及心臟拉闊一個距離，即使電同一個範圍，對於心臟及其主要之血管的影響也會大幅減少。

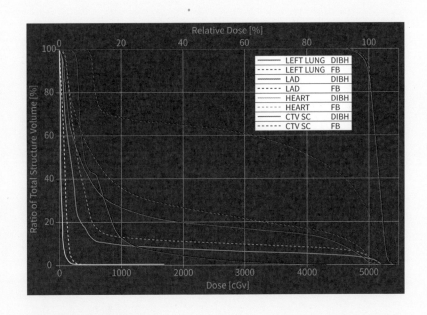

電療後宜忌

能否游泳？|

其實，醫生非常鼓勵癌症病人做運動，因為有益身心，能加速康復。如果皮膚已經沒有任何傷口，而早期電療的副作用已經消退的話，醫生都會鼓勵病人游泳，不過要注意多個事項！

首先，游泳的時候要避免曬傷，建議穿着防紫外線的衣着，選擇適合的游泳衣，可以比較全面地保護身體的皮膚，以免較脆弱的皮膚受損，繼而引發感染；另外，需做足防曬措施。而在疫

情肆虐的情況下，由於游泳時需要脫掉口罩，這對於免疫力較弱的癌症病人來說，游泳屬於較高風險的運動，所以儘量想提醒大家要小心注意一點！

能否浸溫泉？ |

浸溫泉之所以令人感覺舒暢，因為溫泉的熱力能夠造成血管擴張，促進血液循環，幫助紓緩筋骨緊張、能放鬆身體，從而改善心情及睡眠質素。如果沒有表面傷口的話，醫生不會反對浸溫泉，但同時亦建議要根據自己身體能夠承受的壓力來調整浸溫泉的時間。因為經歷癌症治療後，癌症病人的心血管對溫泉的熱力反應，相對比正常人遲鈍，所以較容易出現暈厥的症狀。如果有傷口的話，浸溫泉時有機會會受細菌感染。

荷爾蒙治療篇 |

在乳癌治療中，如癌細胞的種子屬於荷爾蒙受體陽性，某程度上，病人的女性荷爾蒙便好比種子的陽光、水分和泥土，如我們得知這種特性，只要清除女性荷爾蒙，便好比清除種子的陽光、水分和泥土，即使經過化療後有遺漏種子，種子亦無法發芽。因此，只要腫瘤的特性屬女性荷爾蒙受體陽性，即使病人接受電療、化療過後，醫生亦會建議病人接受荷爾蒙治療。就算電療、化療無法完全清除種子，也可以透過荷爾蒙治療阻止種子成長。

荷爾蒙治療是透過服藥進行的，藥物經胃部吸收之後，會經血液走遍全身。然而，它的藥理與化療有所不同，雖然都是針對整個森林，但並不是採用清除種子的形式，而是透過阻截種子接觸陽光、水分和泥土的機會，令種子無法發芽，減低病人復發的風險。

不少病人不太了解經常用於乳癌的荷爾蒙治療，甚至誤以為荷爾蒙治療是用來補充荷爾蒙，覺得女性收經後還補充荷爾蒙，豈不是與治療方向相抵觸？其實，荷爾蒙治療與補充荷爾蒙是兩種截然不同的事情。對乳癌病人而言，荷爾蒙治療旨在杜絕女性荷爾蒙刺激癌細胞生長，因此並非補充荷爾蒙，而是抗衡女性荷

爾蒙。通常有幾種做法，並需視乎患者是否已經收經。製造女性荷爾蒙的過程，有兩大路徑：卵巢、脂肪。

甚麼治療方法適合已收經的病人？

不少病人聽說 AI 是新藥，其實 AI 用於乳癌治療已接近十多年，那 AI 背後原理為何？如病人已經收經，卵巢已經停止運作，身體便只剩下脂肪路徑，經芳香環酶（Aromatase）將脂肪轉化成荷爾蒙，因此我們只需要透過 AI 抑制芳香環酶，阻截剩下的唯一路徑，完全消除女性荷爾蒙，種子就無法接觸陽光、水分和泥土，無法發芽。這就是已收經患者適合接受 AI 治療的原因。

甚麼治療方法適合未收經的病人？

當卵巢仍在運作，如服用 AI 藥物，便會刺激卵巢排卵，在這情況可停止卵巢的運作，例如將卵巢切除，抑或注射收經針，便可以在卵巢停止運作的情況下服用 AI。

另一種方法，則是需要使用一種比較傳統的藥物，不少姊妹稱作「舊藥」，但其實這種藥仍然相當好用，稱作他莫昔芬（Tamoxifen）。某程度上，它屬於選擇性雌激素受體調節物（Selective Estrogen Receptor Modulator, SERMs）的一種，它好比間諜、臥底，扮演着女性荷爾蒙，因其結構與女性荷爾蒙相似，

在受體佔據真正女性荷爾蒙的位置，那當真正的女性荷爾蒙出現時，便無法發揮作用，刺激癌細胞生長，即使體內仍有女性荷爾蒙，亦無法刺激癌細胞生長的功能。不過，這種藥比較有趣，雖然聽起來很好用，但也會引致一些子宮問題，因為這種藥「見人講人話，見鬼講鬼話」，在腫瘤發揮着抑制女性荷爾蒙的功能，但在子宮內卻刺激着女性荷爾蒙，不但會刺激子宮內膜增生，而一些不正常的增生，也有機會演變成癌症，但風險極低，每年低於千分之一。因此，在減少三分之一的復發風險，及承受低於千分之一的風險患子宮內膜腫瘤之間作衡量，便可以得出低風險、高回報的結論。

另外，部分病人如患子宮肌瘤，在進食藥物之後或會刺激子宮肌瘤生長，因此醫生亦會緊密監測病人子宮肌瘤的情況。一般而言，影響都比較少，因此病人毋須太過擔心。

關於乳癌藥物

正廠和副廠藥物有甚麼分別？

不少病人曾經問及，在抗癌藥中，正廠和副廠藥物有甚麼分別？在此略作解釋。

首先，甚麼是正廠藥物？由藥物未開始出現，到正式面世，整個開發過程非常漫長，可達十年、十五年之久——由一開始連藥物的化學名稱還未出現，到有化學名稱，再到於實驗室進行研究，其後經過動物研究，及人體的第一階段、第二階段、第三階段的臨床研究，到證實藥物的效用，最後推出市面。為了保障開發藥物的藥廠，藥廠享有十年的藥物專利權，那藥廠便可在這段時間賺取盈利，同時亦能鼓勵其他藥廠開發新藥。而這家負責開發新藥的藥廠，稱為正廠。

當十年的專利權過去，其他藥廠便可以跟從此新藥的配方，製造一種一模一樣的藥物，由於這並非負責整個藥物開發過程的藥廠，只是純粹跟從新藥的配方去複製藥物，所以會將這些藥廠稱為副廠。

不少病人會心生疑惑：雖然藥物的結構一樣，但其他因素或有分別，例如防腐劑可能有所不同，會否令藥效有所差異？病人的顧慮是正常的——的確，副廠藥物未必完全等於正廠藥物，我們不能一概而論。當中，部分藥物比較簡單，例如用於乳癌復發的抗女性荷爾蒙治療的藥物，其結構比較簡單，正副廠藥物的效果一般差不多。這好比製作曲奇，即使完全不懂，但只要跟從配方和步驟，例如材料分量、焗爐溫度等，便可以製作出味道一模一

樣的曲奇。因此，對於一些結構比較簡單的藥物，正廠和副廠的效果理應大致相若。

然而，部分藥物的結構比較複雜，如標靶藥物、免疫治療等，由於藥理比較複雜，所以正副廠藥物的效果也許有所差異。這好比烹煮牛腩，即使有人告訴你應該烹煮牛的哪一個部位、分量、火候、調味料，就算跟足指示，亦未必可以煮出味道一模一樣的牛腩。因此，對於某些比較複雜的藥物，正廠和副廠的效果可能有差異，而療效和副作用也是我們需要留意的地方。

正廠和副廠藥物該如何選擇？

了解過正廠和副廠的分別之後，不少病人會接着問：「該如何選擇？」一些病人的經濟能力較緊絀，而副廠的藥物有的是較便宜的，那對於這些病人的情況而言，是較為吸引的選擇。有時，如何在正廠和副廠藥物之間作出選擇，難以定論。所以，醫生一般會視乎病人所患上的病症，而決定使用甚麼藥物。醫生也會考慮副廠是否大廠，如果藥物結構簡單、較容易被複製，藥物又經由大廠製造，且在市場上有一定時間的歷史，同時不少使用過的病人均沒有發現甚麼大問題，那在這種情況下，便可以選擇一些經濟實惠的副廠藥。不但具有一定效果，副作用也是可接受的。

他莫昔芬／三苯氧胺（Tamoxifen）

· 口服：每天 20 毫克

· 常見的副作用：疲倦、潮熱、心悸、出汗、陰道分泌增加

· 罕見的副作用：過敏反應、子宮內膜增生、抑鬱、視覺衰退、
  子宮惡性腫瘤、及血管栓塞，包括靜脈栓塞、肺栓塞、腦中風

芳香環轉化酶抑制劑（Aromatase Inhibitor, AI）

· Anastrozole（正廠：Arimidex）：每天 1 粒（1 毫克）

· Letrozole（正廠：Femara）：每天 1 粒（2.5 毫克）

· Exemestane（正廠：Aromasin）：每天 1 粒（25 毫克）

· 常見的副作用：潮熱、陰道分泌減少、疲倦、虛弱、肌肉和
  關節疼痛、噁心、腹瀉、胃部不適、頭痛、失眠、出汗、及
  骨骼礦物質流失，會增加骨骼疏鬆和骨折的風險，需要安排
  骨質密度檢查及牙齒檢查

· 罕見的副作用：過敏反應、陰道分泌物增加或陰道出血、食
  慾下降、嘔吐、提高血液膽固醇水平、缺血性心臟病、視覺
  衰退

- 如有以下情況，請勿服用 AI：對芳香環轉化酶抑制劑（AI）任何成分有過敏反應、尚未停經、正在懷孕或授乳、嚴重肝病

停經針（LHRH Agonist）

- Goserelin 3.6mg：每月皮下注射一次

- Leuprorelin 3.75mg：每月皮下注射一次（11.25mg 則每三個月肌肉注射／皮下注射一次）

- 常見的副作用：注射位置疼痛、潮熱、骨痛、疲倦、性慾減低、不育、影響男性性功能，及增加骨質疏鬆的機會，亦有骨折的風險，但並不常見

- 罕見的副作用：體重增加、血脂和血糖上升

專一性雌激素接受體抑制劑（用於擴散性乳癌）

- Fulvestrant：每月肌肉注射一次（第一個月須注射 2 次）

- 常見副作用：注射位置疼痛、潮熱、骨痛、作悶噁心、疲倦

- 罕見副作用：增加機會骨質疏鬆，並有骨折的風險，但並不常見；血脂和血糖上升

- 備註：可能發生的風險或併發症不能盡錄，不可預計的併發症亦偶有發生，而且風險或併發症因素也因人而異

何時需要注射補骨針？

乳癌病人在甚麼情況下需要注射補骨針？首先，病人需要分清楚自己的乳癌期數。對於已經擴散的乳癌病人而言，如果有癌症骨轉移的情況，注射補骨針可以減少骨轉移所引起的併發症，例如減少骨轉移而引起的痛楚，以及血鈣過高的情況；同時亦可以增加骨質，改善病人生活質素，這種情況下，一般會在每一至三個月打骨針一次。

對於並未有擴散的乳癌病人來說，如果是荷爾蒙受體陽性的乳癌病人，病發時是已停經，用補骨針除了可以減少因使用抗女性荷爾蒙治療 AI 所引起的骨質疏鬆外，亦可以減少將來骨轉移的風險，繼而增加生存機會率，是「一雞兩食」的方案！而這種情況，一般會每半年打骨針一次。至於荷爾蒙受體陰性之病人，病發時已停經，補骨針可以減少骨轉移，從而增加生存機率。

所以，病人最重要是清楚知道自己的病情，才能知道骨針對自己有甚麼用處，同時亦會明白相隔多長時間才需要再打骨針。

如何選擇不同的補骨針？|

適合腫瘤病人的補骨針分為兩種，比較傳統的是靜脈注射的唑來膦酸（Zoledronic Acid），是其中的一種雙磷酸鹽

（Bisphosphonate，即常見的骨質疏鬆藥物，大部分沒有腫瘤而有骨質疏鬆的病人，都會使用口服的雙磷酸鹽，作為骨質疏鬆的治療方案）；另外一種，是一款新型的標靶藥物仿保骨素（Denosumab, RANKL Inhibitor），兩種各有優點缺點，沒有一種能獨佔鰲頭。

	唑來膦酸（Zoledronic Acid）	仿保骨素（Denosumab）
原理	雙磷酸鹽能夠依附在骨頭組織上被噬骨細胞（Osteoclast）吞噬、吸收，透過刺激噬骨細胞抑制分子的釋放、抑制噬骨細胞的功能，同時讓噬骨細胞自我凋亡，從而抑制骨頭的破壞過程，減慢骨質流失。這是傳統補骨藥原理。	仿保骨素是一種人類單株抗體，有抑制破骨細胞分解骨頭的能力，因而增加骨質密度，以及減低骨轉移引起之併發症。這是新類型補骨藥原理，乃標靶藥物。
使用方式（晚期病人）	靜脈注射，每一至每三個月一次，每次4毫克，劑量要視乎腎功能而決定。	皮下注射進入身體，每月一次，每次的劑量是120毫克。
使用方式（早期病人）	靜脈注射，每六個月一次，每次4毫克，劑量要視乎腎功能決定。	皮下注射進入身體，每六個月一次，每次的劑量是60毫克。
副作用	發燒、疲倦、嘔吐、骨頭痠痛、肌肉痛、低血鈣、低磷酸、腹瀉、腹痛、食慾缺乏、頭痛、咳嗽、結膜炎、血肌酸酐和血尿素增加，可能會出現顎骨壞死、「骨枯」的症狀。	低血鈣、噁心嘔吐、四肢肌肉骨骼疼痛及皮膚不良反應。
優點	早期停經乳癌病人使用，有「一雞兩食」之功效：早期乳癌（EBC）患者的研究收集了17項EBC女性患者的研究，共有26,129名受試者參與，發現停經後婦女使用雙磷酸鹽類藥物能夠提高存活率，並減少癌症復發；其費用相對便宜，而且有副廠藥可以使用。	晚期有骨轉移的乳癌病人使用，有效減少併發症的發生：研究顯示，仿保骨素較雙磷酸鹽類藥物更可減少併發症的發生。不需要靜脈滴注。
缺點	需要靜脈滴注	費用相對昂貴

無論選用哪個方式的骨針治療，都需要配合鈣片補充鈣質，除非有血鈣過高的情況（常見於乳癌有骨轉移的情況）。建議大家服用鈣片時，儘量避免與牛奶及其他藥物混合服用，亦可選擇在飯後服用，幫助人體較易吸收鈣片內的鈣質。

　　然而，補骨針既然用來補骨，為甚麼變相擔心有機會骨枯？雙磷酸鹽及仿保骨素透過抑制噬骨細胞的功能，同時讓噬骨細胞自我凋亡，從而抑制骨頭的破壞過程，減慢骨質流失。隨着藥物抑制噬骨細胞時間的延長，骨重整機制也被嚴重抑制，當骨頭受傷或感染後，比較難修復，骨壞死的機會也會增加。由於顎骨的新陳代謝率較體內他處為高，且口腔黏膜較薄，加以拔牙或戴活動假牙容易造成傷口，加上口腔充滿細菌，容易因引發傷口感染的問題而引發進一步的問題。

藥物	用藥原因	劑量	注射方式	用藥週期	顎骨壞死風險
唑來膦酸 Zoledronic Acid	骨轉移情況	4mg	靜脈注射	每 4 個星期或 每 12 個星期	1% - 8%
	多發性骨髓瘤				
	預防骨質疏鬆	4mg	靜脈注射	每 26 個星期	0% - 1.8%
仿保骨素 Denosumab	骨轉移情況	120mg	皮下注射	每 4 個星期	0.7% - 6.9%
	預防骨質疏鬆	60mg	皮下注射	每 26 個星期	0%

注射補骨針的風險

注射補骨針有機會引發顎骨壞死，然而，驟眼看來，注射補骨針所引起的顎骨壞死風險少於 10%，那我們為何要這麼小心呢？因為顎骨壞死所引起的症狀可以非常令人困擾，如口腔持續疼痛、腫脹、下唇感到麻木、口腔內化膿、口水從臉上新形成的小孔不停流出（因為顎骨壞死後，令瘺管在口腔內形成，成為做臉的皮膚）、牙齒鬆動等。

一旦症狀出現，一般都較難處理（很多人以為手術可以處理問題，但手術亦涉及附近的顎骨問題，所以手術也有機會引發更大的問題；由於治療方式比較複雜，在此不作詳細討論），問題甚至可以是永久的，因而對病人的日常生活造成極大困擾，所以預防勝於治療！

預防顎骨壞死

開始補骨針治療前，需要做牙科檢查，先處理好壞牙及牙周病（如有）。同時，在日常生活中減低其他風險發生的因素，例如保持口腔衛生、避免使用不合適的假牙、注意糖尿的控制（長期血糖過高，可以令抵抗力下降，及令傷口感染的情況惡化），及避免吸煙。補骨針治療期間，應避免進行入侵性牙科手術，如

有進行相關手術的必要，腫瘤科醫生及牙科醫生便需要緊密聯繫，除了相關風險評估，還需要制定術後緊密監測的計劃；如有需要，亦要考慮停用補骨針。

總括而言，補骨針益處大風險小，在充足的準備下，風險更小。希望能透過對補骨針的認識，讓大家減少不必要的擔心。

需要注射停經針嗎？

越來越多數據顯示，荷爾蒙治療是乳癌治療的重要一環。對於年輕病發的乳癌病人而言，提早停經、進入更年期，再配合使用 AI 治療，能有效減低腫瘤復發的機會，提升存活率，以下是提早更年期的三種方法：

- 切除兩邊卵巢：透過手術切除兩邊卵巢，但這是不能逆轉的方法。對於年輕病人來說，影響深遠，因為他們日後有機會組織家庭，亦要長遠面對提早永久更年期為身體帶來的多種副作用。

- 注射停經針：最多病人採用的方法，就是每個月或每三個月皮下或肌肉注射停經針。因為隨時能夠逆轉，當停止注射停經針後，卵巢便會恢復正常運作。

- 卵巢電療：雖然透過電療，會令卵巢停止運作，而且這是不

需要做手術的，但成功率並非 100%。醫生一般不會建議年輕的早期乳癌病人透過承受額外的輻射達到提早更年期的效果，而且這個方法也是不能逆轉的。

現在，的確有不少年輕的早期乳癌病人，透過注射停經針以達到更年期效果，以配合使用 AI 治療。不過，是否所有注射停經針的病人都能停經？如果注射停經針未能有效停經的話，AI 亦無法發揮其治療功效。

最近有醫學文獻發表研究——乳癌病人注射停經針後，是否能達到更年期效果？雖然研究只涉及 46 位病人的分析，卻喚起了醫生們警覺的信號。結果發現，有 23.9% 病人開始停經針治療後的三個月及 6.5% 病人於治療後十二個月，濾泡刺激素（FSH）的水平仍未達到更年期水平，即是血液雌二醇水平高於 9.91pmol/L 或 2.7pg/mL——血液雌二醇是卵巢分泌的類固醇激素，這個水平對 AI 是否能正常發揮抗癌作用，有重要的參考指標。所以，建議大家如果正使用停經針配合 AI 治療的話，最好定期檢測血液內的雌激素水平，以助病人繼續安心使用 AI 治療。

參考資料：

https://theoncologist.onlinelibrary.wiley.com/doi/10.1002/onco.13722/

年輕乳癌病人須知 |

根據最新癌症統計數字，2019 年女性乳癌病發案例共有 4,761 宗，病發年齡的中位數為 58 歲，病發年齡也有年輕化趨勢。當中，40 歲前病發的佔 233 宗。年輕病人除了要接受正規治療以外，亦有更多其他因素需要擔心，以下是大部分病人遇到的問題。

擔心遺傳基因突變風險 |

一般而言，越年輕病發，遺傳基因的突變風險越高；其他因素，例如兩邊乳房腫瘤、乳房及卵巢有腫瘤、三重陰性乳癌病人等，亦是需要關注是否有遺傳基因突變的風險。

根據最新乳癌權威組織建議（載於 *St. Gallen International Consensus Guideline 2021*），因遺傳基因突變而導致乳癌的，佔整體乳癌個案的 8% 至 10%，當中 BRCA1/2 基因突變佔一半案例。其實，除了 BRCA1，及 BRCA2 基因突變，現在一般專家都會建議做全套乳癌風險基因檢測：BRCA1、BRCA2、ATM、BARD1、BRIP1、CDH1、CHEK2、NBN、PALB2、PTEN、STK11、RAD51C and RAD51D and TP53。

檢查基因對病人有甚麼益處？

一旦發現有遺傳性基因突變，在病人的治療上又有着不同層面的影響。

- 早期乳癌患者：手術方面，可以考慮同時切除兩邊乳房，尤其是 BRCA1、BRCA2、PALB2，及 TP53 基因突變攜帶者。至於手術後的輔助治療，如果發現是 BRCA1 及 BRCA2 基因突變攜帶者，完成術後輔助化療後，可以考慮使用一年口服 PARP 抑制劑，進一步鞏固療效。

- 已擴散乳癌患者：對於已經擴散的病人來說，化療時可以考慮選用鉑金類（Platinum Group）的化療藥物，另外，除了攜帶 BRCA1、BRCA2 基因突變，亦有發現對於 PALB2 基因突變的攜帶者，亦可以考慮使用 PARP 抑制劑。

檢查基因前應考慮的因素

對於有機會是基因突變的病人來說，接受基因檢測前最理想的是接受基因檢測前輔導（Genetic Counselling），這個輔導一般需時大約一至兩小時，目的是需要接受檢測之人清楚知道基因測試的目的及其限制，亦需要清楚知道有機會帶來之後果。這些都是非常複雜的問題，並不是三言兩語就能明白的。

雖然知道是基因突變攜帶者對於治療上有進一步的影響，同時對於監測其他高風險器官出現腫瘤的情況，如卵巢、胰臟等，有着一定的幫助，但這個測試並不是 100% 準確，亦會出現不確定意義的突變（Variance of Unknown Significance, VUS），即是檢測到某些基因突變，但並不是常見的，而現行指引亦沒有對這個情況作出明確的跟進指示。最後，即使確定是基因突變攜帶者，亦不等於一定會出現腫瘤……這些種種，都會令接受測試的人感到無奈。

　　另外，檢測結果對於保險批核，亦有着極大的不確定性，因為從未見過保險公司就着這些情況發出任何明確清晰的指引。由此證明，如果病人在知道自己是攜帶者前已購買保險，那檢測報告陽性的話，是否要知會保險公司？即使知會了保險公司，也會擔心會否影響受保的情況。

　　最後，若檢測結果是陽性的話，一般需要知會家人，讓他們選擇是否需要安排基因檢測，但他們亦要面對以上所提及的基因測試的限制及保險問題，實在非常煩惱。

參考資料：

1. https://www.annalsofoncology.org/article/S0923-7534(21)02104-9/fulltext/

2. https://ascopost.com/news/november-2020/olaparib-for-patients-with-metastatic-breast-cancer-and-mutations-in-homologous-recombination-related-genes/

擔心生育問題 |

化療一方面會傷害卵巢內的卵子，另一方面亦會造成提早停經，這兩種情況都會影響病人的生育能力。對於有計劃生育的病人來說，女士需要在化療前儲存卵子或胚胎，化療期間亦可以考慮打保卵針（即停經針，透過在化療期間，令卵巢冬眠減少化療對卵巢的影響），以減少提早停經的機會，希望從這兩方面着手，能提升日後懷孕的機會。

從前，一般都只會冷凍胚胎，因為冷凍胚胎的技術比較成熟，成功率比較高，但是要冷凍胚胎的均必須要是已婚人士，對於還是單身的年輕乳癌病人來說，則只能靠打保卵針來處理問題。隨着科技技術改良，冷凍卵子解凍後的成功懷孕機會率提高了，年輕的單身乳癌病人，可以考慮在化療或其他治療引致卵巢功能受損之前冷凍卵子。

一般來說，需先抽血化驗荷爾蒙及進行超聲波盆腔檢查，以評估卵巢的儲備，然後再決定注射荷爾蒙的時間，透過抽血及超

聲波，持續監測卵泡生長的情況，並制定適當的取卵時機。卵子取出後，透過液態氮氣，於幾分鐘內把卵子冷凍至負 196 度，將卵子結冰進入冬眠狀態。根據現行生殖科技條例，卵子最長的儲存期為十年，或直至病人滿 55 歲為止（以較長年期為準）。

當要解凍卵子使用時，女士必須已婚，並需要自行懷孕。因為，代孕在香港是不合法的，這些都是大家需要注意的事項。卵子解凍後，便可進行試管嬰兒療程。對於患年輕乳癌，而且有遺傳基因突變攜帶者來說，在植入胚胎前可考慮進行胚胎基因測試，確定胚胎沒有攜帶遺傳基因才植入母體。

冷凍卵子及試管嬰兒均涉及注射荷爾蒙針，如果成功懷孕，長達十個月的懷孕期期間的女性荷爾蒙飆升，會令很多乳癌病人擔心增加復發的風險。直至現行為止，暫時未有醫學數據顯示以上種種程序會增加復發的機會。

話雖如此，仍有大量技術性問題需要考慮，除了要冷凍卵子，化療亦會攻擊卵巢功能，削弱將來懷孕能力，所以對於要保持將來懷孕能力的病人來說，還要考慮化療期間打保卵針——即是透過打停經針，降低卵巢的功能，並減少卵巢在化療期間被化療攻擊，從而減少提早更年期的情況。

另外，對於化療後仍然需要接受荷爾蒙治療的病人來說，如果完成長達五至十年的荷爾蒙治療後已經是高齡產婦，甚或已經進入更年期，那懷孕基本是不可能任務。

所以，對於有急切懷孕需要的乳癌病人來說，醫生一般會建議先進行首兩至三年抗女性荷爾蒙治療，如果病情沒有問題，風險可以接受的話，可以考慮暫停兩年抗女性荷爾蒙治療，期間將卵子解凍，以及進行人工受孕。如果兩年內未能成功懷孕的話，亦需要繼續按原定計劃，繼續餘下的抗女性荷爾蒙治療。這些都是外國常用的做法。雖然還未有大型醫學數據證明這個方法是百分百安全，但初步數據顯示，這個做法並沒有增加病人復發的風險。

擔心外觀問題 |

除了手術後有機會影響外觀，化療亦會構成脫髮、脫眼睫毛，及脫眉的問題，電療會影響部分皮膚顏色加深；另外，由於現行各大腫瘤權威機構都建議年輕乳癌病人如果是荷爾蒙受體陽性的話，打停經針及服用抗女性荷爾蒙治療（AI），更有效預防復發及提升存活率。

很多病人亦會擔心打停經針後提早停經，感覺有如白髮魔女一樣，一夜白髮、一夜變老。其實真的是想多了！不少年輕乳癌

病人即使經歷以上種種，外表仍跟一般年輕人沒有太大分別，只是感覺上筋骨像老人家一樣。然而，持久適量的運動亦能大幅改善問題，而且亦有很多乳癌病人經歷癌劫後，生活習慣比病發前更為健康，甚至有些病人的筋骨比從前更好。最後，即使治療有機會引起性功能上的障礙，只要跟醫生坦誠討論，絕大部分問題都是可以處理的。

以上討論的，都是病人常問的問題，希望能夠幫助年輕乳癌病人分析不同層面的需要，減少不必要的苦惱。

最新治療資訊 |

轉移性荷爾蒙陽性乳癌最新治療指引

轉移性乳癌（Metastatic Breast Cancer, MBC），即乳癌細胞已擴散至乳房外的其他器官，最常見的部位包括肺部、肝臟、骨骼。

首先，病人不要過分驚恐，因為即使癌細胞已經擴散到其他器官，亦需要一段頗長的時間才會導致器官衰竭，引起腫瘤危及死亡，所以千萬不要先被腫瘤「嚇死」！因為「嚇死」真是無藥醫的。對於所有期數的乳癌病例來說，治療方案除了要視乎期數，

亦考慮到乳癌類型，透過乳癌生物標誌檢測（主要為 HER2 受體及荷爾蒙受體）而荷爾蒙受體為雌激素接受體（ER）及黃體酮受體（PR）。以下不會討論三重陰性及 HER2 受體陽性的處理方案，而集中談及轉移性荷爾蒙陽性乳癌的最新治療。

對於荷爾蒙受體陽性 HER2 受體陰性的乳癌病人來說，除非病發的時候已經出現器官衰竭的跡象，否則一般都不會建議先用化療治療方案。之前會使用荷爾蒙治療方案，但現在會在荷爾蒙治療方案上考慮使用標靶藥。

一般而言，第一線荷爾蒙治療方案的有效機率為 30% 至 40%，最新的治療指引會建議患者口服標靶藥 CDK4/6 抑制劑（即細胞週期素激酶 4/6 抑制劑），以加強荷爾蒙治療的效果，能提升有效機率達 40% 至 60%，亦增加疾病無惡化存活期（Progression-Free Survival）約九至十個月，這稱為第一線治療方案（即確診後第一次使用的治療方案）。雖然這些標靶藥屬醫管局中的自費項目，但現在亦有癌症基金幫助減輕病人醫療負擔。

如果第一線治療失效，一般會建議進行腫瘤基因分析。現時大約有四成病人有 PIK3CA 基因突變，當發現有基因突變的話，可以考慮使用 PIK3CA 標靶藥，配合打針的荷爾蒙治療法洛德注射液（Fulvestrant），但這個方案只適合已停經的病人。如病人有

需要，會為未到更年期的病人注射停經針，以達到停經的效果，再接受治療。另外，如果發現有 BRCA 基因突變的話，可以考慮使用口服 PARP 抑制劑。如果以上兩種基因都沒有突變，可以考慮使用口服 mTOR 抑制劑依維莫司（Everolimus），配合口服芳香環轉化酶抑制劑（AI）。

一般來說，會儘量使用荷爾蒙治療為基礎，配合標靶治療加強荷爾蒙治療的效果。當這些治療方法都失效時，才會選用化療方案。如果這些治療方案都未如理想，亦可以考慮安排化驗次世代基因排序（Next Generation Sequencing, NGS），尋找是否有治療其他腫瘤的標靶適合調配治療乳癌，這些稱為個人化治療方案或精準治療方案。

科技日新月異，亦有早期研究顯示，其他類型的乳癌藥對於荷爾蒙受體陽性的乳癌病人有機會有效，例如賽妥珠單抗（Sacituzumab Govitecan, SG），是一種抗體藥物複合體（Antibody Drug Conjugate, ADC），現時用於三陰乳癌病人。另一種抗體藥物複合體 T-Dxd ／ DS-8201，現在只適合用於 HER2 型的乳癌病人，但現在發現對於 HER2 受體陰性但有少量 HER2 受體顯現（例如 HER2IHC 分數為 1 至 2 分）的管腔型乳癌病人也有一定成效。另外，亦有新的口服荷爾蒙藥正在研發當中，所以現在治療擴散

性乳癌的大方向，是透過使用不同類型的新治療方案，更有效地延長病人壽命；同時亦希望在治療過程中出現更新的治療方案，最終希望等待有效根治腫瘤的方案！

參考資料：

1. https://ascopubs.org/doi/10.1200/JCO.21.01392?url_ver=Z39.882003&rfr_id=ori:rid:crossref.org&rfr_dat=cr_pub%20%200pubmed/

2. https://ascopubs.org/doi/10.1200/JCO.2018.36.15_suppl.1004/

3. https://www.ncbi.nlm.nih.gov/pmc/articles/PMC7957750/

HER2 受體陽性擴散性乳癌治療藥物的演變及最新治療資訊

　　HER2 陽性之乳癌病人佔整體乳癌病人大約 20%，從前還未有標靶藥的時候，我們只知道這類型的病人比其他乳癌病人高出一倍的復發機會，而且比較容易擴散到腦部，治療也比較棘手。自從有了標靶藥後，這個情況大為改善。那麼，標靶藥與一般化療藥有甚麼分別呢？

化療與標靶藥的不同之處 |

如果將癌細胞比喻成一盞天花燈，正常的細胞就像正常的燈一樣，可以透過開關掣正常開關一盞燈，但癌細胞就有如燈掣壞了一樣，是一盞不能熄滅的燈，而治療就是希望將這盞燈熄滅。化療就好像把燈摧毀，有時甚至連燈附近的天花板也會被藥物摧毀。如果我們可以成功找到供電的電線，標靶的藥理就如直接堵截電線，截斷供電，繼而令燈熄滅，令無辜被摧毀的範圍減少。

為何不能單獨使用標靶藥物？

其實腫瘤的情況並不只是一盞天花燈，而是成千上萬至過億數量的天花燈，要短時間內將所有燈熄滅，並不能單靠處理電線。所以，化療及標靶同時進行，能夠儘快控制情況，繼而提升治療效果。而且，現有的醫學數據，絕大部分都是化療及標靶藥物合併使用而得出的數據，所以兩者同時使用才是最正宗的做法。當然某些個別病人，由於年紀大或其他身體狀況而不適合比較進取的化療方案的，便需要由主診醫生因應個別情況調整治療計劃了。

HER2 抗癌藥物之歷史 |

以下順序向大家介紹 HER2 抗癌標靶藥的發展史——

1. Trastuzumab

第一種針對 HER2 受體的標靶藥，對比還未有這個標靶的時候，使用這個標靶後能夠增加整體存活率五至八個月。由於效果非常顯著，公立醫院亦很快引入這個治療項目，現在亦有基金資助未能負擔此藥之病人。

這個藥物已經歷史悠久，已經過了專利保護（在眾多的 HER2 標靶藥中，只有這種藥物有生物仿製劑），現在已經有生物仿製劑（情況有如副廠藥，標靶藥物不能直接叫副廠藥，是因為標靶藥的特性。由於標靶藥需要結合動物抗體，所以不是正廠的藥物會被稱之為生物仿製劑），對於經濟未能負擔的人現在有多些比較優惠的選擇。

甚麼是生物仿製劑？對於某部分標靶藥物，由於藥物生產的過程涉及用到使用動物製造抗體，然後結合化學藥物製成。製造過程相當複雜，所以跟一般的副廠藥物不同，被稱之為生物仿製劑，但整體道理跟副廠藥的概念相近。由於要使用動物製造抗體，亦需要將抗體結合藥物，所以生物仿製劑的有效成分及其成效，有機會因為這些複雜的藥理而有所影響，醫生一般會透過當時最新的臨床研究數據及藥廠的質素，來幫病人選擇選用哪些生物仿製劑，所以大家亦不需要這麼擔心。

很多人未能明白為何一種藥物有這麼多的名字，這其實跟不同的廠有關。每種藥物都有一個學名（Generic Name），是永遠不變的，是藥物主要成分的名稱。但是，不同的藥廠會就着同一種藥可以冠以不同的名字，那醫生便能根據名字分辨出哪個是出於正廠，哪個是生物仿製劑，由於這種藥物現在已經有生物仿製劑，所以有很多不同的名字：

· 學名：Trastuzumab

· 正廠藥：Herceptin（Roche）

· 生物仿製劑：Kanjinti（Amgen）／ Herzuma（Celltrion）

另外，現亦有另一種注射方式，除了靜脈注射，也可以皮下注射，將治療時間由三十分鐘大幅縮減至五分鐘，亦可減少病人「打豆」之心理壓力，但皮下注射配方至今仍未有生物仿製劑，所以費用比較昂貴。

2. Lapatinib

其後面世的標靶藥是 Lapatinib。這是一種小分子抑制劑，為口服的標靶藥。數據顯示，Lapatinib 結合口服化療藥 Capecitabine，對比單獨使用口服化療藥 Capecitabine 更為有效。而且有機會穿過血腦屏障，從而控制腦轉移的情況。這亦是醫管

局常用的藥物之一，現在亦有基金資助可供病人申請。

這藥物面世後，出現了第一次的雙標靶治療概念，就是將第一種吊針的標靶 Trastuzumab 結合口服的 Lapatinib，讓那些使用 Trastuzumab 後惡化的病人使用，從而增加無惡化存活期大約三星期，及整體存活期大約四個月。其後，由於大量其他標靶藥物的出現，令病人有更多不同的選擇。

3. Ado-Trastuzumab emtansine ／ T-DM 1

這個是第一種抗體藥物混合體（Antibody Drug Conjugate, ADC），打個比喻，這種藥就是有追蹤功能的炸彈，透過標靶的藥理作為導航，將有效的化療藥物帶到癌細胞才針對性進行攻擊，一方面增加療效，另一方面減少禍及無辜從而減少副作用。

基於兩大第三階段臨床研究的結論，這個藥物是有效的第二線治療方案，在公立醫院及私營診所亦有藥物資助計劃。

這藥物的特性是混合藥，一種藥有兩種藥的功效，所以對病人來說相對方便。

4. Pertuzumab

其後 Pertuzumab 面世，將雙標靶的概念推往另一個層面。由於這標靶針對更多的 HER2 信號，結合第一種標靶 Trastuzumab

及化療同時使用，對比使用單標靶，大幅增加有效機會率（80% Vs 69%）、無惡化存活率（十九個月 Vs 十二個月），及延長整體存活率（中位數五十七個月 Vs 四十一個月）。自此之後，第一線治療採用雙標靶便成為了黃金標準，在公立醫院使用亦有藥物資助。

5. Neratinib

Neratinib 是第二種面世的口服小分子抑制劑，研究顯示，Neratinib 加上口服的化療藥 Capecitabine，對比 Lapatinib 加上口服的化療藥 Capecitabine 更為有效。但是，這藥物對於擴散性乳癌病人在公立醫院使用的情況並沒有任何資助。

6. Fam-trastuzumab deruxtecan ／ T-Dxd ／ DS-8201

T-Dxd 是第二種面世的抗體藥物混合體（ADC），對比 T-DM1，除了同有的追蹤功能，炸彈的範圍亦比較廣泛，有如追蹤的散彈，所以效果似乎更加顯著。即使之前已經接受很多抗癌治療藥物，且通常對進一步治療沒有太大成效的情況，但這藥物仍然幫到一部分病人。另外，現有的早期數據顯示，對於一些 HER2 受體展現比較低，從前不適合抗 HER2 標靶治療的病人，這個藥物亦似乎適合使用，現正等待更成熟的醫學數據。

7. Tucatinib

Tucatinib 是第三種面世的口服小分子抑制劑，研究數據顯示，Tucatinib 結合另外一種注射的標靶 Trastuzumab，及口服化療藥物 Capecitabine，對比使用 Trastuzumab 及口服化療藥物 Capecitabine，對於有腦轉移的病人來説，成效比較好。

由於這個藥物在香港還未正式註冊，如需要使用，須由醫生透過特別醫學計劃申請，所以這個藥物是沒有資助的，而且費用亦不便宜——同時亦要負擔 Trastuzumab 及口服化療藥 Capectiabine 的藥費。

8. Margetuximab

Margetuximab 的感覺，就有如改良版的 Trastuzumab，透過生物技術進一步改善其成效，跟 Trastuzumab 一樣，亦需要配合化療使用。研究數據顯示，Margetuximab 結合化療，對比 Trastuzumab 結合化療，有效延長無惡化存活期（5.8 個月 Vs 4.9 個月），整體存活率暫未有明顯分別。

這個藥物在香港還未正式註冊，亦暫時未有特別醫學計劃申請，要靠中介公司從海外引入，費用非常昂貴。

整體治療之建議：

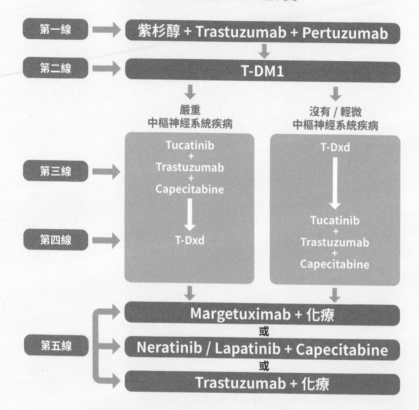

第一線 → 紫杉醇 + Trastuzumab + Pertuzumab

第二線 → T-DM1

嚴重
中樞神經系統疾病

沒有 / 輕微
中樞神經系統疾病

第三線 →

Tucatinib
+
Trastuzumab
+
Capecitabine

T-Dxd

第四線 →

T-Dxd

Tucatinib
+
Trastuzumab
+
Capecitabine

第五線 →

Margetuximab + 化療
或
Neratinib / Lapatinib + Capecitabine
或
Trastuzumab + 化療

擴散性三重陰性乳癌病人治療須知

　　三重陰性乳癌一向都被視為比較惡毒的乳癌型號（即是病理報告中的不知乳癌的生物指標是雌激素接受體、黃體酮受體，及 HER2 受體全部都是陰性），除了惡化速度比較快，治療選擇比其他乳癌型號亦相對少，但隨着醫學不斷進步，現在已經不只是有化

療的選擇，有些病人亦可選擇免疫療法、抗體藥物複合體（ADC）及標靶治療，以下將為大家逐一介紹。

化療藥物的建議 |

根據美國臨床腫瘤學會的最新指引，對於三重陰性的乳癌病人來說，如果需要選擇使用化療的話，建議每次只使用單獨一種化療藥物，而不是以往的混合化療藥物，因為效果相近，副作用較少。以下是常用於乳癌的化療藥物，供大家參考：

· 小紅莓類（俗稱紅魔鬼）：

Adriamycin、Epirubicin、Liposomal Doxorubicin

靜脈注射，一般每三星期一次，如有需要可改為每星期注射。

· 紫杉醇類：

Paclitaxel（太平洋紫杉醇）、Docetaxel（多西紫杉醇）、Nab-paclitaxel

靜脈輸液，一般每三星期一次，每次約一小時至三小時，如有需要可以改為每星期靜脈輸液。

· Capecitabine（吉西他濱）

口服化療藥，每三星期一次，每次口服 14 天，每天兩次，然後休息 7 天。

· Eribulin（艾立布林）

靜脈輸液，每三星期需要兩次（第一星期以及第二星期），第
三星期休息，每次約 10 分鐘。

· Vinorelbine

靜脈輸液，每三星期需要兩次（第一星期以及第二星期），第
三星期休息，每次 10 分鐘。有口服藥物版本，可供害怕打針之
病人使用。

· Gemcitabine

靜脈輸液，每三星期需要兩次（第一星期以及第二星期），第
三星期休息，每次大約 30 分鐘。

從前會將這些主要化療藥物混合鉑金類藥物使用，例如
Carboplatin（卡鉑），希望提升效果，但現在建議單獨使用便可。
一般會先使用紅魔鬼或杉醇類，因為這些藥物的成效都比較顯著，
每種化療藥物都有着不同的副作用，並不是每種化療都會引致脫
髮，主診醫生會因應病人的需要選擇不同的化療。

免疫療法的建議 |

曾經有醫學研究數據顯示，PD-L1 陽性的乳癌病人，第一線

抗癌治療（剛剛確診轉移性乳癌，但從未接受過治療而開始治療的情況）可以考慮使用免疫療法 Atezolizumab 配合紫杉醇類化療（Nab-paclitaxel）來提升治療效果，但是最近的醫學研究數據未能進一步核實治療成效，所以這個美國食品藥物管理局特快批核的神話爆破，有關的建議被回收。但是，亦有醫學研究數據顯示另外一種免疫療法 Pembrolizumab，配合化療使用的話，能夠增加治療有效機會率（53% Vs 40%），亦有機會增加無惡化存活期（由大約 5.6 月提升至 9.7 月）。所以，如果測試過是 PD-L1 陽性的話，仍可以考慮使用免疫療法，至於這種免疫療法的命運會否跟前者相同，現階段並無進一步數據，詳細請跟主診醫生討論自己是否適合使用免疫療法。

抗體藥物複合體的建議 |

塞妥珠單抗（Sacituzumab Govitecan）是一種人類化單株抗體（標靶原理），透過 Hydrolysable Linker，結合化療藥物 SN-38 使用，情況就像透過標靶追蹤腫瘤的位置，然後再釋放化療藥物攻擊腫瘤集中的位置，提升治療效果，同時減少對周邊正常細胞的傷害，從而減少治療的副作用。

第三階段臨床研究顯示，這種藥物對比其他傳統化療藥物能

更有效幫助控制三重陰性乳癌病人之病情（有效機會率約為三分一案例），亦有效提升整體壽命的中位數（由大約六個月提升至十二個月），所以得到美國食品藥物管理局特快批核用於第三次或以上的治療方案（即是當第一線及第二線化療方案失敗的話）。

這種藥物是透過靜脈輸液，每三星期需要兩次輸液（第一星期及第二星期），第三星期休息，但要注意的是，香港仍未有這種藥物能夠正式使用，要密切留意。

標靶藥物的建議 |

大約 10% 至 20% 三重陰性乳癌的病人是 BRCA 基因突變攜帶者，研究數據顯示，這些患者如果曾經使用任何化療後惡化的話，使用口服標靶藥物 PARP 抑制劑（Talazoparib 或 Olaparib），對比一般化療（不包含紅魔鬼及紫杉醇類藥物），有效機會率有機會高達五成，亦有效延長無惡化存活期，所以建議三重陰性乳癌病人安排化驗基因測試，以便分析是否適合使用標靶藥物。

另外，由 2021 年 11 月 15 日開始，其中一種標靶藥 Olaparib 開始有藥物封頂資助計劃供病人申請，詳細請與主診醫生溝通。

總括而言，三重陰性乳癌病人的選擇越來越多，再不是只有化療了。

公立醫院病人乳癌藥物支援服務 |

醫院管理局基金涵蓋的項目 |

對於癌症病人來說，即使知道有適合的藥物，但沉重的藥費卻是令人頭疼的。即使在公立醫院治療，還是有很多藥物是自費項目，令很多病人大失預算！

其實，只要有醫學數據證實某些治療有顯著療效，對於有經濟困難的病人來說，如果某些治療超出醫管局一般資助服務範圍，醫管局會透過撒瑪利亞基金和關愛基金醫療援助計劃，為有經濟困難的病人提供安全網，讓病人減少經濟壓力進行治療。

除了撒瑪利亞基金及關愛基金，香港防癌會亦有一系列藥物資助服務可供病人申請。另外，亦有藥廠及指定社區藥房為那些並未納入安全網的自費抗癌藥提供不同類型的藥物資助計劃。

現在最大的問題是資訊複雜及混亂，對於正在接受治療的病人來說，一方面要消化負面消息，另一方面又要接受治療，同時還要處理公事、家事、搜羅基金資訊，實在是百上加斤。

現以乳癌為例子，向大家簡述公立醫院乳癌病人的藥物資助項目，希望透過整理複雜的資料，讓大家有個概念。請緊記，這些基金資料會隨時間更新，當大家申請基金的時候，資料數據上有機會有所出入，敬請留意！

藥物	指定臨床適應症	撒瑪利亞基金（安全網藥物）	關愛基金（安全網藥物）	指定社區藥房設有封頂式藥物資助計劃（非安全網藥物）	香港防癌會（何鴻超教授紀念助醫計劃）（非安全網藥物）
荷爾蒙受體陽性、HER2 受體陰性轉移乳癌					
依維莫司 Everolimus	與依西美坦（Exemestane）並用，治療停經後的晚期荷爾蒙受體陽性、HER2 受體陰性骨轉移乳癌，患者先前已使用過非類固醇類之芳香環酶抑制劑治療無效。	NA	NA	✓	治療停經後的晚期荷爾蒙受體陽性、HER2 受體陰性乳癌，患者先前已使用過非類固醇類之芳香環酶抑制劑治療無效。
呱柏西利 Palbociclib	與芳香酶抑制劑組合使用，用於停經後婦女，治療雌激素受體呈陽性，人類表皮生長因數受體 2 呈陰性，同時出現內臟疾病（不是內臟危象）的轉移性乳腺癌。	NA	✓	✓	NA
阿貝西利 Abemaciclib	與芳香酶抑制劑組合使用，用於停經後婦女，治療雌激素受體呈陽性，人類表皮生長因數受體 2 呈陰性，同時出現內臟疾病（不是內臟危象）的轉移性乳腺癌。	NA	✓	✓	NA
瑞博西尼 Ribociclib	與芳香酶抑制劑組合使用，用於停經後婦女，治療雌激素受體呈陽性，人類表皮生長因數受體 2 呈陰性，同時出現內臟疾病（不是內臟危象）的轉移性乳腺癌。	NA	✓	✓	NA

藥物	指定臨床適應症	撒瑪利亞基金（安全網藥物）	關愛基金（安全網藥物）	指定社區藥房設有封頂式藥物資助計劃（非安全網藥物）	香港防癌會（何鴻超教授紀念助醫計劃）（非安全網藥物）
HER2 陽性乳癌病患					
帕妥珠單抗 Pertuzumab	與曲妥珠單抗（Trastuzumab）及多西他賽／多烯紫杉醇（Docetaxel (Taxane)）並用，使用於治療轉移後未曾以抗 HER2 或化學療法治療之 HER2 陽性轉移性或局部復發、無法切除的乳癌。	NA	✓	NA	NA
曲妥珠單抗 Trastuzumab	用於治療 HER2 陽性乳癌病患	✓ 用於治療早期 HER2 陽性乳癌病患，一年曲妥珠單抗治療。	✓ 用於治療晚期 HER2 陽性乳癌病患，患者需同時接受化療以醫治其轉移性癌症疾病。	NA	NA
恩美曲妥珠單抗 Trastuzumab emtansine	作為單一使用的藥物，用於治療 HER2 陽性轉移性乳癌病。患者需曾接受曲妥珠單抗及／或紫杉醇治療以醫治其轉移性癌症疾病。	NA	✓	NA	NA
甲苯磺酸拉帕替尼／拉帕替尼 Lapatinib	曾接受蒽環類藥物、紫杉醇及曲妥珠單抗治療的 HER2 陽性後期乳癌。	NA	✓	NA	HER2 陽性轉移性乳癌
馬來酸奈拉替尼 Neratinib	NA	NA	NA	NA	早期 HER2 陽性乳癌病患，一年曲妥珠單抗治療後伸延輔助治療。

藥物	指定臨床適應症	撒瑪利亞基金（安全網藥物）	關愛基金（安全網藥物）	指定社區藥房設有封頂式藥物資助計劃（非安全網藥物）	香港防癌會（何鴻超教授紀念助醫計劃）（非安全網藥物）
其他					
補骨針 地舒單抗 Denosumab	NA	NA	NA	NA	任何腫瘤擴散至骨骼，用於預防骨轉移惡化引起之併發症。

一般來說，如果病人在公立醫院接受治療期間向醫生表示有經濟困難，而醫生發現有適當的基金適合病人申請的話，便會為病人填妥適當的轉介表格，再經由醫務社工根據不同的基金要求作出審核，然後透過基金的資助內容發放資助。

以下會提供每一個基金的細節資料讓大家參考。

撒瑪利亞基金／關愛基金

獲基金資助的病人須為醫院管理局（醫管局）病人，並符合相關條件，詳情請至醫院管理局——申請表格：

病人必須通過醫務社會工作者（醫務社工）之經濟審查，而有關之經濟審查是以「家庭」為單位計算。在審視病人家庭可動用的財務資源後，視乎可動用資金所佔藥費比率提供藥費資助。

　　請參考經濟審查計算程式的使用條款：
https://sfecal.ha.org.hk/

相關藥物於指定社區藥房設有封頂式藥物資助計劃

聖雅各福群會惠澤社區藥房

網址：https://charityservices.sjs.org.hk/charity/

港島區：灣仔／電話：28313289／地址：香港灣仔石水渠街 85 號聖雅各福群會一樓 105 室

九龍區：深水埗／電話：23899456／地址：九龍深水埗福榮街 188 號曉盈地下 7 號舖

九龍區：觀塘／電話：21164958／地址：九龍觀塘成業街 10 號電訊一代廣場 12 樓 C1 舖

新界區：沙田／電話：21161276／地址：新界沙田火炭山尾街 18-24 號沙田商業中心 9 樓 917 室

香港防癌會（何鴻超教授紀念助醫計劃）

何鴻超教授紀念助醫計劃於 2006 年成立，為紀念香港防癌會創辦人何鴻超教授而設，旨在資助癌症患者購買醫院管理局非安全網下的自費藥物。基金結合個人籌款、基金、慈善基金會、企業及藥廠的支持，填補並未涵蓋入安全網藥物的缺口，為有需要的患者提供援助。

經由公營醫院臨床腫瘤科、內科腫瘤科或血液腫瘤科醫生推薦，醫院的醫務社工為申請人進行入息審查後，由醫務社工向香港防癌會遞交合資格的申請，最後由「改善癌病人生活基金」委員會審批，資助內容每種藥物都有所不同，視乎情況而定。

單單是治療乳癌已經有多個基金資助，所以大家千萬不要灰心！至於在私家醫院接受治療的病人，亦有藥廠提供不同的藥物支援服務。

非公立醫院病人乳癌藥物支援服務 |

前文提到公立醫院乳癌藥物的基金資助服務，而對於正在私家醫院／診所接受治療的病人，也是有支援服務的。

荷爾蒙受體陽性、HER2 受體陰性轉移的
乳癌病人適合的標靶藥

對於荷爾蒙受體陽性、HER2 受體陰性轉移的乳癌病人，暫時只有 CDK4/6 抑制劑有藥物資助服務，詳細請參考以下網站——

- Palbociclib：https://www.thrive-hongkong.com/zh-hant/financial-assistance/

- Ribociclib：https://www.hkbcf.org/zh/patient_support/main/549/

- Abemaciclib：http://www.pcfhk.org/hk/pharmacy?id=33/

整體來説，這些藥物資助計劃都需要病人連續服用標靶藥物超過十八個月，而且病情仍然穩定，那到第十九個月開始，藥費就可以得到資助。這對於長期需要作戰的病人來説，如果病情持續穩定的話，可以減輕長時間使用同一種藥物所帶來的經濟負擔。

至於其他標靶藥物 Alpelisib 及 Everolimus，現在未有任何藥物資助服務。另外，對於一些正在同步使用抗女性荷爾蒙針及 CDK4/6 抑制劑的病人來説，由於抗女性荷爾蒙針亦非常昂貴，若真是難以負擔的話，現在香港已經有副廠藥可供病人考慮。

HER2 陽性乳癌病人

對於 HER2 陽性的乳癌病人來說，如果病人需要用這三種藥物——培妥珠單抗（Pertuzumab）、曲妥珠單抗（Trastuzumab）、Trastuzumab emtansine——它們的正廠藥物都是來自同一家藥廠，大家可以參閱乳癌藥物資助計劃網站：

另外，由於第一代抗 HER2 的標靶藥物 Trastuzumab 已經過了專利保護，現在各大醫院診所已經有生物仿製劑（概念跟副廠藥相近）可供病人使用，價錢會比較優惠。

至於另外一類型的抗 HER2 小分子標靶藥物 Neratinib，亦可以參閱乳癌患者資助計劃網站：

三重陰性乳癌病人

最後，對三重陰性的乳癌病人來說，如果需要使用免疫療法的話，現在並沒有任何資助適合病人。部分三重陰性乳癌病人可以考慮做基因測試，檢測是否 BRCA 基因攜帶者，再決定是否適合使用 PARP 抑制劑，現在暫未有任何資助 PARP 抑制劑，但是如果符合某些條件，BRCA 基因檢測是有資助的，詳細請與主診醫生討論。

完成所有治療後之注意事項 |

　　完成乳癌治療後，很多病人都不清楚應該要怎樣監測情況，亦有很多病人經常擔驚受怕，疑神疑鬼，覺得自己會復發，因而長期處於精神壓力緊張的狀態，對身體構成不良影響。以下將從幾個層面跟大家分析一般治療後的注意事項，以便及早發現及處理問題。

複診要達到的目標

監測治療後遺症，為病人安排進一步復康治療：

· 監測化療後的副作用：例如手麻腳痺、化療腦、持續疲倦、失眠、情緒低落、生育問題、性生活問題等。如有需要，會作進一步轉介作適當的治療。

· 監測電療後副作用：例如電療引起的皮膚發炎、色素加深、乳房纖維化、肩膊活動範圍受影響、電療引起的肺炎等。

· 監測荷爾蒙治療的副作用：

他莫昔芬：需留意有沒有異常陰道出血的情況，有需要時定期進行婦科檢查，如透過超聲波盆腔以監測子宮內膜有沒有異常狀況。

AI：定時安排骨質密度檢查（DEXA scan）及安排骨針。

· 監測淋巴水腫的狀況：國際淋巴學會建議大家使用預設監測
模式（Prospective Surveillance Model, PSM），即手術後三
個月開始，一年內每三個月量度一次；其後，每兩年一次；
直到術後五年為止。需定時量度 BIA 分數，如發現分數有上
升，便需要建議病人儘早正視及介入治療。

· 監測病情，提早偵測復發，及早治療：

完成治療後要定時複診，每次複診時，醫生都會望聞問切，
如發現可疑症狀，便會安排進一步檢查。

有些症狀需特別留意，如未能解釋的體重下降、未能解釋
的骨痛（而且持續數星期，並需要服用止痛藥）、未能解
釋的腹痛、頭痛及其他腦部症狀、氣喘／胸部不適等。若
出現以上症狀，醫生一般都會安排進一步檢查，以排除復
發的可能性。

哪些檢查是必須的？|

很多病人以為複診時必須要抽血檢驗癌指數，亦有必要定時
做影像檢查——其實這些都不是必須的！全球大型的腫瘤機構，一
律不建議在沒有可疑的症狀下定時監測癌指數及造影檢查，因為

數據顯示，這些檢查未能為大部分病人提早偵測復發而增加整體存活率。所以，在公立醫院，絕大部分病人都不會安排這些檢查，不是因為資源不足而並未安排，而是跟從國際數據。

癌指數的迷思

一般乳癌常用的癌指數，其實準確度不高：

癌症期數	CEA 升幅的機會（%）	Ca 15.3 升幅的機會（%）
1	10	9
2	19	19
3	31	38
4	64	75

換言之，假陰性（即是有腫瘤在身，癌指數仍然是正常）的情況其實十分普遍，所以絕不能依賴癌指數來監測病情。

另外，癌指數亦可以有假陽性的情況（即是癌指數升高，但體內並沒有腫瘤）。其實癌指數是每一位健康人士都會有的數值，並不是沒有腫瘤便是「0」，癌指數只是血液中的蛋白，這些蛋白除了患上腫瘤的時候會有機會升高，其他情況下如吸煙、身體受感染、有發炎情況、腎衰竭，以及懷孕，都有機會令指數升高，從而令人受驚！因為指數一旦升高，便要進行進一步的影像測試，

例如透過正電子掃描排除身體有沒有腫瘤的迷思，但正電子掃描亦屬中度輻射的檢查類別，一方面，身體要承受輻射的檢查；另一方面所費不菲，而且要等報告，即使報告顯示正常，還是要持續監測癌指數，待確定沒有進一步升幅才能得知不是真的假陽性。有機會長達一至兩年才能得出結論，當中承受的精神折磨可想而知。

所以，在安排抽血化驗癌指數作為定期監測之用前，醫生一般都需要跟病人說明現行指引的建議及假陽性假陰性的問題。經詳細討論後，得到病人同意的話，當然可為病人安排抽血化驗的。

坊間的血液循環癌細胞測試是否可信？

現階段的答案——否！！

現行的科技，的而且確可以在血液中尋得血液循環癌細胞，但是，即使是正常健康的人，亦能每天在身體尋得血液循環癌細胞！健康的人在免疫系統的白血球接觸到血液循環癌細胞時，便會將其處理；但患上癌症的人，由於免疫系統出現問題，白血球處理癌細胞的機制受到影響，從而形成癌症。由於健康的人也有機會有血液循環癌細胞，即使化驗報告偵測到血液循環癌細胞，並不代表將來必定形成癌症，因為現有的科學數據未能定論有多少數量的血液循環癌細胞會預計得到那個時候在哪個位置出現腫瘤，甚或是沒有腫瘤，所以現在不會建議使用。

掃描檢查的迷思

一般大型腫瘤機構並不建議定時為沒有症狀的病人安排造影檢查服務，因為未有數據顯示這些檢查能提早偵測到腫瘤復發，而增加整體病人的存活率。

其實，病人期數不同、乳癌類型不同，有着不同的風險，可以就着每個乳癌病人的風險特質與病人討論，制定個人化的檢查，例如比較高風險復發的病人，如果經濟負擔許可的話，在私營的腫瘤診所會有機會按着病人的風險而個別安排不同的造影檢查服務，詳細請跟主診醫生討論。

關於複診次數的建議

一般會建議首兩年每三個月複診一次，第三至第五年每六個月至十二個月複診一次，第五年以後則每一年複診一次。

請注意，由於公立醫院病人眾多，到公立醫院複診的病人比較難跟從以上的建議安排複診，因此，請特別留意自身的特別症狀，如有需要，一般都可以由家庭醫生幫忙出信提早公立醫院的複診。

監測乳房的健康

建議病人每個月需要自行監測乳房狀況，自行作乳房檢查。醫生會安排定時的乳房檢查（Mammogram, Ultrasound）。

適量適合的運動、作息定時、均衡飲食、保持 BMI 正常、保持心境平和,並向有需要的病人及家庭提供基因檢查輔導轉介。

認識更多淋巴水腫

甚麼是淋巴水腫? |

乳癌病人手術後出現淋巴水腫的情況,從來都是令人憂慮煩擾的問題。事實上,每五位乳癌病人就有一位在手術後三個月後開始,於二十年內受到不同程度的淋巴水腫困擾。隨着手術方法和電療療程改良,雖然有助改善病人的淋巴水腫情況,但根據不同醫學文獻顯示,仍然有病人在術後六至十二個月受到不同程度的淋巴水腫困擾,尤其腋下淋巴切除、腋下淋巴電療及化療中使用紫杉醇類(Paclitaxel 及 Docetaxel,是一種用於治療多種癌症的化療藥物)的病人風險較高。

一般而言,術後三個月所形成的手臂腫脹才能界定為淋巴水腫,因為手術本身都有機會引發水腫的問題,而手術引起的水腫一般會在三個月內隨着傷口癒合逐漸減退。不過,當淋巴水腫處理不善,不但未能減退水腫,更會越來越嚴重。後期的淋巴水腫,

除了外觀上困擾患者外，亦影響到手部功能運作，大大影響心情，更間接影響抗癌治療的效果，後果可大可小！因此，患乳癌的姊妹絕對要知道甚麼是淋巴水腫。

在 2020 年美國物理治療師協會（腫瘤物理治療學會）訂立了一份臨床指引，當中希望有效提高臨床醫護人員的警覺性，協助病人及早發現情況，儘快處理淋巴水腫問題，文件中更有提及應如何處理複雜的情況，非常實用。根據國際淋巴協會的水腫分期法（International Society of Lymphology, ISL Lymphedema Scale），淋巴水腫可以界定為以下四個階段：

- Stage 0（0 期）：未有症狀的，只有儀器能夠量測水腫，臨床上沒有明顯肢體腫脹；

- Stage 1（1 期）：初期淋巴水腫，有間歇性肢體腫脹情形，舉手後水腫能消退；

- Stage 2（2 期）：中期淋巴水腫，舉手後水腫不能消退，皮下組織纖維化慢慢惡化；

- Stage 3（3 期）：後期淋巴水腫，肢體變大且皮下組織纖維化，皮膚硬化及變色，病人可能開始出現日常功能受限制的情況。

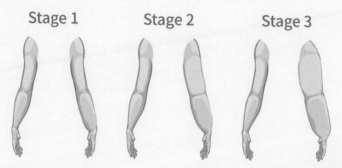

Stage 1　　　　Stage 2　　　　Stage 3

一期至三期淋巴水腫分別

　　我當初剛成為腫瘤科醫生的時候，只是以軟尺量度淋巴水腫的程度，一般建議在雙手相同的位置相距四厘米的範圍量度雙手的圓周，如果超過二厘米的差距，便是淋巴水腫，如差距越大，皮膚變化越大，淋巴水腫便是越來越嚴重。不過，如果按國際淋巴學會的定義，這個方法只會偵測到第二期及第三期的淋巴水腫。正所謂「預防勝於治療」，偵測到零期的淋巴水腫才是致勝之道！現在醫學上有甚麼方法可以更有效幫助患者呢？

　　大家不難發現，無論是公立醫院或是非牟利病人組織，都有為病人量度淋巴水腫的服務，他們一般都是透過量度 BIA（Bioelectrical Impedance Analysis，生物電阻測量法），以少量電流通過人體及其阻力分佈，計算水分比例（當然亦包括其他比例，在此不多談），從而得知是手臂部分的水分比例是否有升高的現象，其中一個常用的評分就是 L-Dex。

190 | 乳癌教室

整體而言，如果量度淋巴水腫的分數上升至 10 分或以上，而臨床未見有淋巴水腫的話便屬零期的淋巴水腫，大約有 34% 病人會出現這種情況，當中 84% 的病人透過簡單的方法，例如按摩及壓力手襪等，便能解決水腫問題。因此，國際淋巴學會建議大家使用 PSM（Prospective Surveillance Model，預設監測模式），即手術後三個月開始，一年內每三個月量度一次；其後每兩年一次；直到術後五年為止，定時量度 BIA 分數。如果發現分數有上升，便需要建議病人儘早正視及介入治療。

如何預防淋巴水腫？ |

乳癌病人手術後出現淋巴水腫屬十分普遍的情況，令不少病人感到非常困擾。因此，病人先要了解甚麼是淋巴水腫，有助及早預防。

在 2020 年，美國物理治療師協會（腫瘤物理治療學會）訂立了一份臨床指引，當中提出乳癌手術後的正確護理方法及建議，包括定時量度淋巴水腫、適當的運動指引、腹式呼吸、為高危人士配備壓力手襪等，都能幫助病人減低惡化成中期或後期淋巴水腫的情況。

除了定時量度淋巴水腫指數（L-Dex Score），手術後四至六星期起，如果傷口康復情況理想，就可以循序漸進地按病人的康復進度加入適量運動。最理想的情況，是由物理治療師根據病人的身體狀況而建議不同類型的運動，包括帶氧運動、負重運動及不同類型的拉筋運動。

　　不難發現，許多乳癌病人都存在一個謬誤和迷思，以為手術後不能做肩膊運動，認為會導致上手臂肩膊的活動能力大幅下降，所以有不少患者肩膊活動範圍大幅下降至少於 90 度（即連手臂也未能提高），嚴重影響日常生活，如梳頭髮、洗頭，甚至佩戴胸圍時都有困難。如果不正視這個問題，除了有機會令淋巴水腫惡化，亦會引起淋巴水腫以外的問題，例如五十肩（慢性沾黏性肩關節囊炎）的困擾，導致肩膊活動範圍大幅受影響，甚至有機會引起蜂窩組織炎等其他併發症。

　　此外，很多乳癌病人亦未有正視術後運動的重要性，因而沒有運動習慣。加上，即使病人希望進行適量運動，也不是每位病人都能享用物理治療師的服務，預先了解個人的身體狀況。不過，其實公立醫院及很多非牟利病人組織都有提供很多不同的資訊，及教育乳癌康復病人做不同的運動伸展，例如預防淋巴水腫舞蹈、自我按摩手法，及其他適合乳癌患者的術後運動等。

要緊記遵從最大原則「Start Slow Progress Slow」！切記，要按照自己的情況慢慢開始，漸進加強，以免受傷。

如何治療淋巴水腫？|

一旦出現淋巴水腫，便要視乎淋巴水腫的嚴重程度（不同期數），因應情況對病人的影響，醫生會有不同的建議及處理。

Stage 1：早期淋巴水腫

早期淋巴水腫，即舉手後能消退水腫，或者發現淋巴水腫 L-Dex 的分數比原定的上升分數超過 10 分，醫生建議病人需要配備壓力手襪。如果效果未如理想的話，可以使用整合性淋巴水腫治療（Complete Decongestive Therapy, CDT）。

一般而言，可分成兩個階段——

第一階段：需由專業人士使用多重低張繃帶包紮上肢，並配合適當運動及皮膚護理，每星期大約進行五次。當手腫情況有改善後，便會開展第二階段，幫助鞏固治療效果，一般需要進行約三星期的第一階段治療，才能達到改善手腫的情況。

第二階段：一般會建議病人在家自行使用壓力手襪，學習使用多重繃帶包紮，及繼續皮膚護理及手部運動，鞏固治療效果。

Stage 2 and stage 3：中期及後期淋巴水腫

　　如果情況持續惡化，除了建議進行上述所提及的整合性淋巴水腫治療（CDT），患者亦可以考慮定期在腋下位置使用光譜治療（Laser Therapy）維持一段治療時間，例如一星期三次，並持續六個月，透過使用低能量的光療，可以減少積水、減低淋巴管道及血管所形成的纖維化機會，從而改善淋巴水腫的情況。不過，醫生建議患者需配合光譜治療與整合性淋巴水腫治療共同治療，才達到改善效果。

　　如果情況嚴重影響外觀，便需要諮詢整型外科醫生的意見，了解是否需要做重建淋巴手術或象皮腫切除手術。

　　一直以來，坊間有不少其他方法以處理淋巴水腫的問題，例如肌筋膜放鬆療法、穴位按摩、針灸、靜觀、體外衝擊波療法、瑜伽等，但暫時未有數據支持這些方法能有效紓緩淋巴水腫，所以暫未納入醫學指引中。

　　總括而言，自從治療乳癌的手術及電療方式改良後，已大幅減低病人出現淋巴水腫的機會率。不過，醫生仍會建議病人定期檢測淋巴水腫指數，如發現有惡化風險，便需按醫生的意見先排除其他引發水腫的可能，及早處理問題，治療效果最好！

以下連結有助大家獲得更多實用資訊：

1. 香港大學賽馬會癌症綜合關護中心：

   https://jcicc.med.hku.hk

2. 全球華人乳癌組織聯盟：

   https://www.gcbcoa.org/

3. 香港乳癌基金會：

   https://www.hkbcf.org/

4. 癌症基金會：

   https://www.cancer-fund.org/

5. 香港淋巴水腫協會：

   https://www.lymphedema.org.hk/

6. Physical Therapy & Rehabilitation Journal：

   https://academic.oup.com/ptj/article/100/7/1163/5862539/

Chapter 3 乳癌問答

如何預防乳癌？

根據 2019 年香港癌症資料庫數據顯示，乳癌是香港婦女癌症排名中的第一位，平均每十四個婦女就有一人患上乳癌，平均每日有十三人患上乳癌、每星期有十六人死於乳癌，近十年的病發風險急升 76%，香港的乳癌患者確診年齡中位數為 58 歲，相比其他國家為年輕。另外亦有年輕化的趨勢，所以絕對需要喚醒大家的關注，防範於未然！

對抗乳癌，要從三大方面着手——預防勝於治療，亦要未雨綢繆以防萬一，最後要及早發現提高治癒率。

防癌攻略

= 預防勝於治療 + 未雨綢繆 + 及早發現防範未然

預防勝於治療 |

風險因素	相對風險
直系親屬乳癌病史	2.0 倍
良性乳腺疾病歷史	1.6 倍
從未生育	1.6 倍
第一次生產年齡 (≥30 歲)	1.5 倍
體重指標 (>23 公斤 / 平方米)	1.4 倍
初經年齡 (≤11 歲)	1.2 倍
缺乏體能活動	1.1 倍

常見乳癌高危因素

　　從上圖可見，維持理想的體重指標及適量運動，可減少患上乳癌的風險，而其他乳癌高危因素未必是單靠個人努力可以預防得到的。要維持理想的體重指標，除了適量的運動，還要有均衡的飲食；另外，亦可以選擇在日常生活中選擇一些除了營養豐富，還有額外抗癌功效的食物。

防癌飲食貼士

多吃維他命 C 豐富的食物

　　從日常生活飲食中攝取適當分量的維他命 C，能增強抵抗力，從而能對抗癌症。建議食用含有豐富維他命 C 的水果以及蔬菜。

　　水果例如紅心番石榴，每 100 克紅心番石榴，含有 214 毫克維他命 C；另外，西蘭花是蔬菜類中含有維他命 C 之冠的蔬菜，

每 100 克西蘭花含有 100 毫克維他命 C；其次是芥蘭，每 100 克芥蘭有 90 毫克維他命 C。

另外，十字花科的蔬菜，例如西蘭花、椰菜花、羽衣甘藍、火箭菜及白菜，除了含有豐富的維他命 C，亦含有豐富的胡蘿白素、維他命 E、維他命 K、葉酸及礦物質，這些都是良好的抗癌物質。

適當的烹調方式以保存食物營養

不適當的烹調方式令蔬菜裏的維他命流失，炒菜比焓菜更能有效留住營養。根據香港衞生署「有營食肆」資料，炒菜可保存 85% 的維他命 C 和 85% 的葉酸，而水煮焓菜只保存 55% 的維他命 C 和 60% 的葉酸。

建議大家使用以下三大竅門

· 少量水：大約每次 1 茶匙

· 適當油：使用起煙點較高的油，例如牛油果油、米糠油、葡萄籽核油，適合高溫煮食；至於冷壓初榨橄欖比較適合用來做涼拌，因為起煙點較低

· 快炒：使用大火縮短煮食時間

這三大竅門一方面能夠料理出美味的菜式，另一方面亦能保

留蔬菜裏的營養，適當的油分亦能幫助鎖住脂溶性維他命，進一步提高所攝取的營養。吃得開心，同時亦吃得放心，是非常重要的防癌心得！

適量的奧米加 3 及花青素有助對抗癌症

奧米加 3（Omega 3）是一種人體無法自行製造的多元不飽和脂肪酸，是人體必須的脂肪酸之一，對人體有很多益處，當中包括保持心臟健康、預防癌症、改善骨質及改善情緒等。

奇亞籽所含的 Omega 3 比三文魚多，亦含有豐富的蛋白質及其他營養素，例如鎂、鈣、磷等礦物質、維他命、多種抗氧化物及豐富的膳食纖維等，每 100 克奇亞籽就含有 30 克膳食纖維，幾乎已經達到成年人平均每天所需的纖維量。充足的膳食纖維有助排便，能減少便秘，更有類似益菌生（Prebiotic）的功效，幫助腸道的好菌生長、促進腸胃道健康，間接改善免疫系統。

莓類食品，尤其是藍莓，含有豐富的花青素，亦是良好的抗癌食品，有助減低自由基對 DNA 的破壞，從而減低患上乳癌的風險。

適量運動並達到良好體重指標，有效預防乳癌

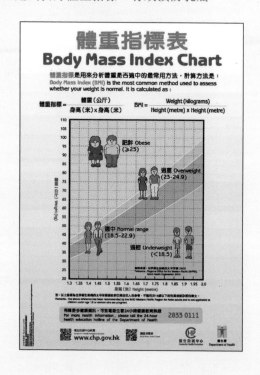

研究顯示，每星期 150 分鐘至 300 分鐘的中度運動，或者 75 分鐘至 150 分鐘的強度帶氧運動，有效預防七種腫瘤——乳癌、膀胱癌、腸癌、胃癌、子宮內膜癌、食道癌及腎癌，亦可以增加三種腫瘤的存率——乳癌、腸癌及前列腺癌！衞生署亦設立了「運動處方」網站供大家參考：

帶氧體能活動

如選擇中等強度的體能活動,每星期應進行最少 150 分鐘 (2.5 小時)。

如選擇劇烈的體能運動,每星期應進行最少 75 分鐘 (1 小時 15 分鐘)。

● 每星期應最少 3 天進行體能活動。

● 可慢慢增加進行體能活動的時間,活動時間越多,為健康帶來的好處也越大,最理想是花雙倍或以上時間進行體能活動 (即達到每周累積 300 分鐘中等強度或每周 150 分鐘劇烈的帶氧體能活動)。

● 每節體能活動應維持最少 10 分鐘。

● 你可以靈活地混合中等強度和劇烈的體能活動。

肌肉強化活動

每星期最少有 (非連續的) 2 天進行肌肉強化活動

● 應涉及所有主要肌肉群 (例如:腿部、臀部、背部、胸部、腹部、肩膀和手臂)。

● 在每節活動中,針對每個肌肉群的動作各重覆 8 至 12 次。

● 最理想是每星期非連續的 3 天進行肌肉強化活動。

最後,緊記釋放負能量,令心境保持平和——負能量對身體有害!如果大家未能有效掌握如何幫自己釋放負能量,不妨考慮靜觀練習,讓自己儘量在這個繁囂的社會,能找到小小心靈上的綠洲,這樣才能將努力健康的成果發揮至極致。

未雨綢繆 |

即使生活細節上毫無破綻，亦有機會患上乳癌，一旦患上乳癌，一方面要儘快接受治療，另一方面亦要暫停工作。治療開支加上沒有減少的生活開支，令生活百上加斤，無形的壓力亦會影響治療成效及康復進度。請在健康時為自己準備一份全面的保險保障計劃，一方面到患病時不用擔心治療的開支——即使在公立醫院接受治療，亦有很多癌症治療是屬於自費項目，費用不低；另一方面，在治療期間手停口停的情況下，亦不會因為長時間接受治療而造成經濟窘局，有效減少癌症對病人身心及家庭的重大影響！

及早發現，防範未然 |

因應自己的風險，為自己預備定時定候的乳房檢查。若能及早發現，治癒率極高，這也是最好的治療方案！

香港特別行政區政府委託香港大學公共衞生學院進行的香港乳癌研究，分析了本地數據，並以此作為研發乳癌風險評估工具的基礎。評估工具用以評估本地華裔婦女罹患乳癌的風險，並獲確認適用於香港華裔女性。年齡介乎於 44 至 69 歲而有某些組合的個人化乳癌風險因素的婦女，其罹患乳癌的風險增加，應考慮每兩年接受一次乳房 X 光造影篩查。專家工作小組亦建議採用為本港婦女而設的風險評估工具，例如由香港大學所開發的工具，按照個人化乳

癌風險因素，包括初經年齡、第一次生產年齡、直系親屬——母親、姊妹或女兒的乳癌病史，及個人良性乳腺疾病歷史，還有體重指標、體能活動量，評估她們罹患乳癌的風險。詳情請參閱「乳癌風險評估工具」網址：https://www.cancer.gov.hk/tc/bctool/index.html/。

　　要對抗乳癌，大家緊記要努力從三大方面着手，要預防勝於治療，亦要未雨綢繆以防萬一，最後要及早發現提高治癒率！大家一起努力！

參考資料：

1. http://www.cancer.gov.hk/tc/bctool/index.html/

2. https://www.legco.gov.hk/yr19-20/chinese/panels/hs/papers/hs20200710cb2-1269-3-c.pdf/

3. https://restaurant.eatsmart.gov.hk/b5/content.aspx？content_id=976/

4. https://www.chp.gov.hk/tc/resources/e_health_topics/pdfwav_11012.html/

5. https://health.gov/sites/default/files/2019-09/Physical_Activity_Guidelines_2nd_edition.pdf/

癌症病人的飲食指南

何謂健康飲食？ |

首先，選用新鮮食材！另外，根據健康飲食金字塔的指引，底層以穀物類為主，吃最多；然後，需多吃蔬菜及水果；第三層的肉、魚、蛋和奶類及其代替品，吃適量，並儘量去肥剩瘦；最後，請減少鹽、油、糖分的吸收。

至於烹調方式上，多採用低油量的方法，如蒸、燉、炆、焓、白灼等，或用易潔鑊煮食，及減少煎炸，以保持食材有充足水分。

每餐
3 份五穀
1 份蛋白質（3 件麻雀大小的肉類）
1-3 份菜
每天 1 份奶類
每天 1-2 份水果

分量參照

一份穀物：1/5 碗飯，白米／糙米

一份蔬菜：1 碗未經烹調的葉菜、半碗煮熟的蔬菜、芽菜、瓜類、
菇類或豆類

一份水果：2 個小型水果，例如布冧、奇異果；1 個中型水果，例
如橙、蘋果；1/2 碗水果塊，例如西瓜、皺皮瓜、蜜瓜

十佳優質蛋白質食物

1	雞蛋		6	鴨肉
2	牛奶		7	瘦牛肉
3	魚肉		8	瘦羊肉
4	蝦		9	瘦豬肉
5	雞肉		10	大豆

資料來源：國家疾病預防控制中心營養與健康所、中國營養學會、《澳門一般居民飲食指南 (2017)》

肉類脂肪蛋白質大比併

牛扒
蛋白質 30.5 克
脂肪 9 克

雞胸
蛋白質 29.8 克
脂肪 7.8 克

鴨胸
蛋白質 24.5 克
脂肪 10.9 克

豬腩肉
蛋白質 7.7 克
脂肪 35.3 克

雞翼
蛋白質 23.8 克
脂肪 16.9 克

豬頸肉
蛋白質 17.2 克
脂肪 23.3 克

註：每 100 克煮熟計算

50 公斤成年人每天需攝取 40 克蛋白質

參考資料：

https://www.chp.gov.hk/tc/static/90017.html/

癌症病人常見飲食陷阱

太側重蛋白質

　　缺乏碳水化合物會令體重下降，而肝衰竭的病人不適合高蛋白餐單，肝臟會因為未能處理蛋白質而導致血液內的阿蒙尼亞上升，令肝衰竭情況更加嚴重。

以果汁代替水果

　　一杯果汁含有幾個水果元素，果糖上升容易令血糖超標，有機會對身體有反效果。

各款維他命的功效及長期攝取過量的後果

維生素		功效	長期攝取過量可能出現的後果
脂溶性維他命	A	·預防眼疾 ·維持呼吸道、腸道、毛髮及指甲等健康	·增加肝臟出問題的風險 ·可能導致嬰兒出現先天性缺憾
	D	·有助骨骼正常生長	·引發高鈣血症，令腎臟及心臟受損 ·導致心律不正、嘔吐、食慾不振等
	E	·有助抗氧化及保護皮膚	·增加身體出血異常的風險，甚至出血性中風
	K	·有助於凝血，避免流血過多	·影響部分藥物的藥效
水溶性維他命	B	·有助產生能量及細胞生長	·過量的維生素 B6 可導致神經感覺失常 ·導致行動困難、手腳麻痺及對陽光極度敏感等
	C	·促進傷口癒合並增強抵抗力	·引起腹瀉、噁心胃部痙攣等不適 ·可能引致腎結石
	葉酸	·有助於製造 DNA 和遺傳物質，促進人體生長	·孕婦過量攝取可能增加新生兒患上自閉症的機會

日常飲食瑣碎事 |

　　每天在診所內，都有不同病人及其家人問及飲食的問題，當中最多人問就是戒口，因為身邊的親朋戚友知道病人患癌的時候，都會有很多不同關於飲食戒口的資訊，結果「呢樣唔食得嗰樣唔食得」，到最後甚麼都不能吃！所以，今次想跟大家談戒口。

戒口的建議

　　首先，西醫一般對癌症病人都沒有特定的戒口建議，只有高血壓、糖尿、高血脂、尿酸過高、肝功能或腎功能衰竭，才會被建議戒口，對於部分接受標靶治療的病人，由於部分標靶治療會跟西柚有衝突，所以會建議小心食用有柚子成分的食物，但是橙及檸檬是可以的（雖然感覺上這些水果跟西柚屬同類）。至於中醫的角度，中醫將腫瘤視之為熱象，除了建議避免進食煎炸食物，亦需要減少進食榴槤、芒果等水果，以減輕加劇熱象的情況。整體來說，中西醫都建議避免吸煙喝酒、減少進食煎炸食物（經過高溫烹調的肉類容易產生致癌物），及減少進食醃製肉類、中式鹹魚等食品。

雞鴨鵝的迷思

　　其實中西醫都認為大部分癌症病人都可以吃雞鴨鵝——只是要

吃得有智慧——要選擇合適的肉類部位，分量要適宜，烹調要方法正確。

從前的雞，的確被注射了不同的激素以加速雞的成長及增加口感，但現在市場上註明無公害的雞是非常安全的，因為香港的監管已經非常嚴謹。只是，這並不代表沒有食用的陷阱——雞皮就是陷阱！中西醫都建議大家避免吃雞翼和雞腳，因為雞皮比例較多，一方面動物脂肪較多，另一方面熱量較多，這兩個因素都不太適宜癌症病人進食，去皮雞胸肉及去皮去脂肪的雞髀肉會比較適合病人。另外，亦要避免油炸的方式，以免攝取了不良膽固醇。這些道理亦適用於鴨以及鵝。

至於雞精，只要是從無激素的雞提煉出來及撇除油分的話，按適當分量是可以安心食用的。

豬牛羊的迷思

坊間充滿着癌症病人不能食用紅肉的建議，因為世衛將紅肉列為 2A 級致癌物，如每天進食超過 100 克紅肉的話，增加患上腸癌的風險大約為 17%；至於加工肉類列，世衛被列為一級致癌物，每天進食超過 50 克加工肉類的話，增加患上腸癌風險大約為 18%，因為加工肉類含有一級致癌物 E250 亞硝酸鈉，會影響肝臟胰臟，

並用作防腐劑之用。所以，建議大家真的要儘量避免進食加工肉類！至於紅肉，內含豐富鐵質，能有效提升血色素，所以世衛建議大家每天仍可以攝取少於 80 克紅肉，而不是每天都不能吃紅肉！

進食適當分量的肉類，有助保持適當的體重指數及健康體質，而蛋白質是組成人體細胞的重要元素，並能提供身體每日運作的能量；足夠的蛋白質能夠增肌肉防脂肪，缺乏蛋白質會令頭髮稀疏易斷、指甲變得脆弱、容易水腫、經常感到飢餓及情緒低落。蛋白質是人體內氨基酸的重要來源，其中的精胺酸及酪氨酸有助提升身體內的血清素，從而達到減壓功效。

一般來説，中醫建議儘量避免進食羊肉，因為羊肉偏溫補，對於病人來説比較熱，不利於腫瘤病人，雖然豬肉及牛肉是紅肉，但是豬肉及牛肉都是好食材，牛肉含有豐富鐵質，可以幫助腫瘤病人提升血色素。醫生一般會建議進食適當分量，選擇瘦肉、牛扒要撇除肥膏，避免煎炸的烹調方式等，都能讓病人安全安心地進食紅肉。

黃豆的迷思——增加癌症復發機會？

一直以來，黃豆類產品是否適合乳癌病人食用都是患者非常煩惱的問題，因為網上資訊繁多，眾説紛紜，令很多不了解醫學

知識的病人擔心食用大豆類製品後會增加復發機會。其實，這些飲食困擾不僅於大豆類製品上，更包含其他食物種類，結果患者「無啖好食」，日常飲食成為他們極大的壓力來源，最終影響病情。那麼，為何大家擔心黃豆？這基於黃豆的有效成分跟女性荷爾蒙雌激素非常相似，從而推斷黃豆跟雌激素的效用一樣，有機會增加患上乳癌的風險，但實情是否如坊間所言？

其實，黃豆內的雌激素是屬於其中一種植物的雌激素（Phytoestrogens）——異黃酮（Isoflavone）。值得注意的是，異黃酮除了可以在植物內找到，動物也存有異黃酮。黃豆內的異黃酮——金雀異黃素（Genisti）及黃豆苷元（Daidzin）——是屬於植物的雌激素，經過腸道消化和發酵後而成，另外會再經腸道細菌，將黃豆苷元進一步轉化成 S- 雌馬酚（S-equol），這就是一個最終主要的成分結構，跟女性荷爾蒙雌激素有非常類似的結構——雖然相似，但功效不一樣！

The chemical structures of genistein and its precursor genistin, daidzein and its precursor daidzin, s-equol, and estrogen.

有研究發現，乳癌細胞生長是因為雌激素（Estrogen）刺激女性荷爾蒙受體（ER），所以雌激素就是一個生長訊號，越多雌激素，癌細胞生長發展得越快。不過，女性荷爾蒙受體有兩種：ER-α 及 ER-β，只有刺激 ER-α 受體才會刺激乳癌細胞生長。相反，刺激 ER-β 受體會抑制乳癌細胞生長，而黃豆內的主要成分異黃酮其實是刺激 ER-β 受體，所以反而會抑制乳癌細胞生長！

曾經有一份綜合分析（Meta-analysis），分析了 35 份流行病學研究，發現亞洲人士在日常生活中攝取較多的大豆異黃酮會有較低風險患上乳癌，亦有另一份醫學文獻顯示乳癌病人手術後服用抗女性荷爾蒙治療芳香環轉化酶抑制劑（AI），同時在日常生活中攝取大豆，這樣能減少復發機會。

以上都是替大豆異黃酮「翻案」的數據。當然，這些數據現時只適用於亞洲人士。直至現時為止，暫時未有針對西方人士的同類型數據證明服用大豆後可以減低乳癌復發的風險，但亦未有證據顯示西方人士攝取大豆異黃酮後會增加患上乳癌的風險。整體而言，未有實質醫學數據證明大豆有損健康。

那為何西方人的數據跟亞洲人的數據不一樣？首先，亞洲人在飲食中攝取異黃酮的分量，一般比西方人多：亞洲飲食（15 至 47 毫克／天）、西方飲食（0.15 至 1.7 毫克／天），這亦被推斷為亞洲人的乳癌病發率比西方人低的原因之一。

另外，消化黃豆的過程中，並不是所有人都具有適合的腸道益生菌將異黃酮轉化成 S- 雌馬酚（S-equol），現行資料估算大約有 30% 至 50% 人士能夠有效將異黃酮轉化成 S- 雌馬酚，這或許是亞洲人與西方人飲食模式影響腸內益生菌的分別。

其實，大豆類製品含有豐富的蛋白質，建議乳癌患者及一般人日常可多吃黃豆類製品，減少進食肉類分量及多吃蔬果，這有助減低癌症的風險。而黃豆除了有異黃酮，亦有維他命 B、纖維、鉀質、鎂質及優質蛋白質；而且，是植物性食物中少數含有完全蛋白質的，能提供九種身體不能製造而人體又必須的氨基酸，所以黃豆絕對是乳癌病人的好夥伴！

另外，透過發酵過程亦可以令身體更加容易消化及吸收，並增加黃豆內的異黃酮及蛋白質。但亦要注意，經處理過的大豆產品，尤其是經處理後減少脂肪、提升味道及增加賣相等，而處理程序會減少黃豆內的異黃酮，大家切記要小心！

	異黃酮成分 (mg)	警戒水平（不建議超過每天 120mg）	蛋白質成分 (g)
未經發酵的黃豆食物			
一杯豆漿	6	20 杯豆漿 !!!	7
一磚軟豆腐 (3oz)	20	6 磚豆腐	8
½ 碗煮熟的黃豆	55		15
經過發酵的黃豆食物			
味噌 (3oz)	37		10
納豆 (3oz)	70		14
豉油（一湯匙）	0.02		0

是否服用含有異黃酮保健產品更有利健康？

曾經有實驗研究顯示，高劑量的異黃酮有機會對身體有害。現時，一般臨床研究每天用 40 至 100 毫克的異黃酮，已經能達到理想效果，從日常生活中攝取的異黃酮分量絕對是安全可靠，而且已經足夠。以豆漿為例，相信甚少人一天會飲用超過 20 杯豆漿！不過，保健產品當中含有濃縮分量的異黃酮，劑量有機會遠遠大於日常生活的建議水平。對於正在接受治療的乳癌病人來說，有機會影響治療成效；對於一般婦女而言，亦未有科學研究數據核實那是對人體安全的，所以不建議服用異黃酮保健產品。

總括而言，保持均衡飲食，在飲食中添加黃豆食材，安全可靠。但是，要小心保健產品並不一定保健，並非越多越好，適量最重要！

癌症病人可否吃海鮮？

海鮮屬於優質蛋白質來源，如果沒有敏感的話，只要確保烹調方式正確，以免感染甲型肝炎，另外甲殼類的海鮮進食海洋微生物為主，有機會重金屬成分比較高，一般因為這個建議儘量避免進食蟹或蠔，而蝦、鮑魚以及海參一般都適合癌症病人食用。另外，有鱗魚及無鱗魚其實沒有分別，只是無鱗魚（例如鱔）或深海魚，一般脂肪含量較高，適量進食沒有任何問題。

癌症病人是否適合服用蜂蜜、蜂膠、蜂王漿？

蜂蜜是蜜蜂採的花蜜；蜂膠是蜜蜂的巢穴，是濃縮版的蜂蜜；蜂王漿是蜜蜂分泌的，專門用來餵養幼蟲和蜂后。徵詢過中醫的意見，這些其實都是沒有藥用價值的；對於西醫而言，現在也未有實質數據證明可以抗癌／致癌。

所以，如果是純天然、沒有任何糖分添加、沒有農藥，及食用適當分量的話，是適合癌症病人的。但是，亦要溫馨提示各位，由於這些類型的產品眾多，建議大家先到消委會網站搜尋有關食物安全的資料，再安心服用。

癌症病人是否適合服用燕窩、花膠？

燕窩及花膠都是高蛋白質、低脂的食品，是良好的保健產品，但要小心市面上的即食燕窩產品一般都含有大量添加糖分而燕窩成分較少，變相本末倒置。

另外，燕窩亦含有少量動物雌激素，但未有數據顯示進食燕窩會增加患上乳癌的風險，對於接受抗女性荷爾蒙治療的乳癌病人來說，進食不適當的分量會有機會影響治療效果。

至於花膠，暫未有數據顯示服用花膠能夠增加癌症病人的回復速度，亦未有數據顯示有抗癌功效。一般而言，花膠沒有雌激

素成分，但如果是養殖魚所製成的花膠則另當別論，因為不清楚是否使用含有激素的飼料。大量進食花膠，有機會因為大量進食動物脂肪而對身體有害，所以建議適量食用。

癌症病人能否喝牛奶？

2020 年 5 月，一份美國大型研究數據顯示，婦女收經後，若每天只喝 1/4 至 1/3 杯牛奶，罹患乳癌的風險就會增加 30%；每天喝一杯牛奶的婦女，相關的風險高達 50%；每天喝 2 到 3 杯牛奶的婦女，風險進一步增加到 70% 至 80%，所以停經後的婦女比較適合飲用豆奶。雖然很多病人疑惑，認為乳癌病人不適合飲用豆漿，但其實大豆內的異黃酮含量不是很高，而且異黃酮是植物雌激素，有別於動物雌激素對身體的影響，前文已經替黃豆「翻案」——飲用豆漿的人反而可以減少患上乳癌的風險。

癌症病人一定要喝癌症病人配方營養奶？

飲食均衡的話，營養奶不是必須的。營養奶的蛋白質及熱量都非常高，過高的熱量會轉化成體內的脂肪，令 BMI 升高，有機會對病人構成負面影響。一般建議，如果病人治療期間胃口欠佳，可以透過使用營養奶提供熱量及吸取蛋白質。如果製作營養奶的時候水分比例不當，有機會引致血液中的鉀質升高。另外，糖尿

病人亦要小心注意，要飲用適糖配方，以避免血糖過高！總括而言，如果癌症病人過度戒口，對身體並沒有益處！

　　緊記要有均衡飲食，進食適當的肉類，配合適當的位置、適當的烹調方式（避免吃未經煮熟的食物以減少腸胃熱的風險），及適當的分量，就是最好的營養來源，而不是保健產品。切忌過度用力地維持健康的飲食習慣，偶然讓自己放縱一下，才能持之以恆地、快樂地一家人健康飲食，那麼治療便能事半功倍！

　　除了戒口，亦有很多病人煩惱應否服用保健產品？究竟是否服用多些保健產品，便能讓病人在癌症治療期間恢復得更理想及減少復發？

　　首先，現在並未有任何醫學數據顯示哪一類型的營養產品能夠抑制腫瘤生長以及預防腫瘤復發，如果病人胃口欠佳、營養不良的話，可以透過保健產品補充所需營養，以便提升病人的身體狀態，也有助改善治療進度，但要緊記，並不是越多的保健產品就必然是越好的，因為藥物／保健產品中一般由有效成分（Active-ingredients）及非活性成分（Inactive-ingredients）所組成，服用保健品當然是為了當中的有效成分，但不能忽視其非活性成分（Excipients，或稱為賦形劑）。

Excipient 一般是天然或合成物質，可以是動物、植物、礦物、或化學合成。它具有一飾多角的功能，從而提升藥物中有效成分的作用：

· 稀釋有效成分：幫助胃部吸收

· 幫助錠劑成型（錠衣）：於胃部釋出有效成分

· 以非黏性物質來處理有效成分：維持藥物於有效期限內不會產生變化

· 添加色素：改善外觀

· 調味劑：添加口感或味道

· 防腐劑

由於每吃一粒保健產品除了可以得到當中的有效成分的同時，亦攝取了當中的非活性成分，過量服用保健產品，多餘的有效成分未必對身體有額外的益處，但多餘的非活性成分則有可能影響身體，例如當中的添加劑有機會引致敏感反應，乳糖可以因為乳糖不耐症導致肚瀉。另外，有效成分有機會被污染，例如魚油丸有機會重金屬過高，而過量綜合維他命會引致急性中毒，症狀主要包括噁心、嘔吐、肚瀉等腸胃方面的反應，所以建議適量地按

着病人的情況服用！均衡飲食已經能夠達到營養充足，並不是每一位都需要額外的保健產品。

中式保健產品的三大陷阱

糖分超標

不難發現，中式保健產品的糖分不低，建議大家小心閱讀營養標籤，了解糖分的分量，並留意計算單位——熱量總和是每包計還是每 100 克計來得出的。一般建議，糖分攝取量為每天所攝取的熱量的 5% 至 10%，即是大約 8 至 9 粒方糖（每粒方糖大約 5 克），有些中式保健產品如四物湯，糖分有機會高達每包 7.7 克，即是 1.5 粒方糖！

「妹仔大過主人婆」

除了營養標籤，大家亦要注意成分表。閱讀成分表亦有助分析產品是否跟產品名字所描述的一樣，例如時下流行的靈芝雲芝保健飲品，靈芝雲芝成分可能只是佔產品的一小部分。

與西藥有衝突

即使是天然保健產品，當中的成分亦有機會與西藥有衝突，例如參類食物——人參、黨參、太子參、高麗參、花旗參等，外國

資料庫顯示，這些食物較大機會與抗癌治療有衝突，例如化療、荷爾蒙治療及標靶治療，所以治療期間應該儘量避免使用。另外，亦有其他天然保健產品與消炎藥物及抗凝血藥物有衝突，所以大家切記要小心！

　　最後，即使是保健湯水，如果參類、當歸或其他中藥成分太多的話，即使是保健湯水，亦有機會與西藥有衝突。重中之重，就是使用適當的分量，那便不會好心做壞事了。

參考資料：

1. http://www.nps.org.au/australian-prescriber/articles/pharmaceutical-excipients-where-do-we-begin/

2. https://www.ncbi.nlm.nih.gov/pmc/articles/PMC2771878/pdf/nihms151440.pdf/

3. https://www.mayoclinic.org/drugs-supplements/

4. https://www.cancer.org.au/assets/pdf/cancer-forum-march-2011#_ga=2.21109627.1751956463.1612661257-1677105073.1612661257/

5. https://www.mdpi.com/2072-6643/11/11/2649/htm

6. https://www.ncbi.nlm.nih.gov/pmc/articles/PMC2988534/pdf/1821857.pdf

7. https://ascopubs.org/doi/pdf/10.14694/EdBook_AM.2013.33.102

8. https://www.sciencedirect.com/science/article/pii/S2213453013000438

9. https://link.springer.com/article/10.1007/s10654-019-00585-4

治療期間的飲食禁忌

藥物在人體內分解，涉及不同的機制，其中一個比較重要及常用的機制，是透過一種肝酵素細胞色素 P450（Cytochrome P450）。這是一個主要類別的酵素，當中 CYP3A、CYP4A、CYP2A 及 CYP5A 會分解部分抗癌治療的酵素。如果身體內含有這些酵素較多，會影響抗癌藥物的分解過程，更有機會導致抗癌藥物中的有效成分減少，削弱抗癌治療成效，亦有可能會令部分抗癌藥物的有效成分增多，增加治療的毒性。所以，身體內這些細胞色素 P450 的高低水平會直接影響正接受不同藥物治療的成效與風險。癌症治療只是其中一環，同樣地，日常生活飲食也會影響細胞色素 P450 的高低水平，大家絕對要小心！

哪類藥物分解會受細胞色素 P450 影響？

1. 抗癌治療：標靶藥、化療藥、抗女性荷爾蒙治療

2. 抗生素，抗真菌藥、抗愛滋病毒治療

3. 抗癲癇藥

4. 降膽固醇藥

5. 降血壓藥

6. 類固醇

注意：以上提及的，是常有相互作用的藥物群組，當中只是部分藥物有機會受到細胞色素 P450 影響。建議大家如果正在服用以上類別的藥物，要注意飲食，並且與主診醫生討論飲食習慣上是否需要有特別調節。

哪些食物會影響身體內細胞色素 P450 水平？

食物：西柚、苦橙

保健產品：花旗參、人參，及其他

西方常用的保健產品，如貫葉連翹（St. John Wort）、黑升麻（Black cohosh）、銀杏（Gingko biloba）、金印草（Goldenseal）、槲寄生（Mistletoe）及奶薊草（Milk thistle）。

很多病人會問，那柚子（碌柚）、橙及檸檬是否也不適合食用？其實橙跟苦橙是不一樣的，而檸檬雖然與西柚外形相似，但並不影響細胞色素 P450 水平，所以大家可以安心食用。至於柚子，由於都是屬於相近類別的食物，雖然現時數據並不多，但也建議病人儘量避免食用。話雖如此，外出吃飯時可能不經意吃到含柚子的調味品或及柚子蜜——如果只是少量，亦不需要太擔心。

至於花旗參、人參以外的黨參和太子參等，由於都是參類食物，雖然是補氣佳選，但建議儘量避免食用，應選用其他中藥，如北芪作代替。

哪些乳癌治療有機會受影響？

化療藥物：多西紫杉醇（Docetaxel）

標靶藥物：

· CDK4/6 抑制劑：哌柏西利（Palbociclib）、瑞博西尼（Ribociclib）、阿貝西利（Abemaciclib）

- PIK3CA 抑制劑：Alpelisib

- mTOR 抑制劑：依維莫司（Everolimus）

- 抗 HER2 標靶藥物：恩美曲妥珠單抗（T-DM1）、T-Dxd、
  拉帕替尼（Lapatinib）、馬來酸奈拉替尼（Neratinib）

荷爾蒙治療：他莫昔芬

　　由於相對多的治療都跟西柚、人參、花旗參有衝突，所以建議大家如正進行抗癌治療的話，儘量避免食用這些食物，有助減少風險。

參考資料：

1. https://www.cancerresearchuk.org/about-cancer/cancer-in-general/treatment/cancer-drugs/how-you-have/taking-medicines/foods-drinks-avoid/

2. https://www.mayoclinic.org/healthy-lifestyle/consumer-health/expert-answers/food-and-nutrition/faq-20057918/

高劑量維他命 C 能否抗癌？

　　在十六至十八世紀期間，壞血病曾經導致大量在長期海上工

作的人員死亡，病因是長期無法進食新鮮食物，特別是蔬菜水果。壞血病的病徵有疲倦、乏力、容易瘀傷及流血。直到 1747 年，英國皇家海軍外科醫生詹姆斯‧林德（James Lind）發現進食檸檬可預防及根治壞血病，但當時仍未知道為何進食這些水果能根治壞血病。直至 1932 年（相隔約 200 年後），生理學家聖捷爾吉‧阿爾伯特（Albert Szent-Gyorgyi）發現維他命 C 是當中能治療壞血病的物質，也是人體不可或缺的重要元素，聖捷爾吉‧阿爾伯特亦因這個重大發現而獲得諾貝爾獎。

　　維他命 C 對我們身體極為重要，是一種水溶性維他命，也是一種不能透過身體自我製造的維他命，需要透過食物攝取。維他命 C 有抗氧化功能，能促進膠原蛋白生長，有助改善免疫系統功能及增加鐵質的吸收。

　　如果人體缺乏維他命 C，最初的症狀包括疲勞、乏力、牙齦發炎，當情況惡化，就可能出現瘀斑、關節疼痛、傷口癒合困難，及組織與微血管脆弱等問題，這些情況有機會令腫瘤病人的病情惡化。所以，足夠的維他命 C 對所有人，甚至腫瘤病人，都是非常重要的！

高劑量維他命 C 的醫學數據 |

其後，有一位曾經獲得兩次諾貝爾獎的美國化學家萊納斯・鮑林（Linus Pauling）極力推崇高劑量維他命C（每天超過1000毫克）不但可以預防感冒及心臟病，甚至可延年益壽，能醫百病，對抗癌症，而這個說法一直極具爭議。

曾經有不同的研究顯示，高劑量維他命 C 能有助骨膠原的形成，從而增強細胞與細胞之間的結構層，有機會阻止癌細胞穿破結構層，減少擴散。在 1976 年，曾經有醫學研究以高劑量維他命 C 治療一百名腫瘤病人，發現有 22% 病人一年後仍能存活，而沒有接受高劑量維他命 C 的病人，存活率只有 0.4%。研究顯示，高劑量維他命 C 不但有效延長壽命，亦能提升生活質素，其後日本亦有相關的研究反映同類的結論，因而引起不少人對這個療法的興趣！

既然維他命 C 對人體這麼重要，亦早在 1976 年已經有研究數據顯示高劑量維他命 C 能幫助癌症病人改善病情，為何現在這個治療也未屬正規癌症治療？

西方醫學講求循證醫學，簡單而言，即要透過多重臨床試驗，反復認證，最後要透過黃金標準的隨機雙盲試驗（Double-Blind

Studies），確認是不偏不頗、不含任何運氣成分的結論，才能被認證為正規的治療之一，並不是一個地位崇高的學者提出一個建議，便能取代這些認證方案，西方醫學強調確保病人安全。

由於初步數據顯示高劑量維他命 C 有機會是抗癌的重要機制，其後的確有隨機雙盲試驗的研究嘗試核實這個理論，但有兩份美國新英格蘭發表的醫學期刊所刊登的醫學數據，卻仍未能核實這個治療方案對腫瘤病人有用，所以這個治療方式仍未是現行西醫所認可的正規治療。不過，有大量自然療法派的學者就對這兩份醫學數據有不同的批評，認為當中的研究方式並未有公平地讓高劑量維他命 C 發揮其功效，導致醫學數據不足。因此，在這方面的討論至今仍然議論紛紛。

為何難以核實這方面的醫療數據？

許多人認為，醫學的結論非黑即白，但事實上，人體結構深奧精微，每一個成分對一粒細胞的影響不等於對人體內所有細胞均有相同的影響。人體內一環扣一環，而現在的醫學所知道的只是皮毛。因此，每一個看似簡單的醫學問題，一般都要經過多研究才可能有頭緒，就如維他命 C──故事的開端，由缺乏維他命 C 的病徵開始，直至找尋到問題根源，因維他命 C 所引起的簡單醫

學問題，也需接近二百年的時間去探究。維他命 C 在實驗室至人體內被量度的方式，以至細胞上及人體上如何反映其成效，實在未有一個十分清晰的共識應如何釐定，而且每人每天在飲食中攝取的維他命 C 也很難量化；再加上，研究需要大量人力物力，當中需要在大型醫學機構具備足夠的資源下，才有機會得出最佳的答案。

現行有關維他命 C 的建議

維他命 C 是水溶性維他命，是人體必須的維他命，亦可幫助鐵質的吸收。現時數據指出，人體每日平均需要 65 毫克至 95 毫克的維他命 C，最高上限為每天 2000 毫克，過量的維他命 C 有機會導致中毒症狀，例如肚瀉、作悶、嘔吐、心口灼熱、腸道絞痛、頭痛、失眠，甚至是腎結石。另一方面，由於是水溶性維他命，過量的維他命 C 通常會在小便中流失，對於坊間的高劑量維他命 C 治療方案，由於未有確實的醫學數據和西方認證，建議在未清楚現行的新型抗癌治療方法是否與高劑量維他命 C 有衝突前，大家要小心使用！知道病人抗癌心切，同時明白正統西方抗癌治療的毒性甚高，而這些另類療法確實非常吸引。只是，重中之重，還是希望大家可以知道故事的兩邊，平衡利弊，以便大家選擇適合自己的治療方案。

作為腫瘤科醫生，除了抗癌治療，如果有不涉及大風險的其他治療方案，一般都不會反對病人採用，但如果單純採用高劑量維他命 C 治療方案抗癌，實具極大風險，切記要小心。

參考資料：

1. https://www.cancer.gov/research/key-initiatives/ras/ras-central/blog/2020/yun-cantley-vitamin-c/

2. https://www.mayoclinic.org/diseases-conditions/cancer/expert-answers/alternative-cancer-treatment/faq-20057968/

哪種菇菌芝類最適合乳癌病人？

作為腫瘤科醫生，經常被病人及患者家屬問及：可否吃靈芝及雲芝？一旦患上腫瘤，親朋戚友都關懷備至，送上不同保健產品，靈芝及雲芝都被視為送禮給癌症病人的佳品。那麼，靈芝及雲芝是否真的是癌症病人的靈丹妙藥？

蘑菇的藥用價值 |

蘑菇多達超過一百種，常被日本及中國作為藥用，當中最常被用為藥用蘑菇的，有靈芝（Ganoderma lucidum ／ reishi）、雲芝（Trametes versicolor or Coriolus versicolor ／ turkey tail）、

冬菇（Lentinus edodes ／ shiitake）、舞菇（Grifola frondosa ／ maitake）。

雲芝中的 Polysaccharide-K（PSK）及 Polysaccharide Peptide（PSP），在實驗室細胞學及動物實驗中，能夠激活幫助抗癌的白血球細胞，從而被推斷有機會能幫助抗癌；至於涉及病人參與的臨床研究其實亦不少，包括胃癌、腸癌、乳癌及肺癌病人在化療期間，或者電療及化療期間服用有這些成分的保健產品，所以一般市場上的保健產品都會標榜 PSK 及 PSP 能改善免疫系統、提升體重、提升生活質素、改善腫瘤引起之症狀及有機會延長壽命。值得注意的是，由於臨床研究涉及的病人量不多，而且大部分臨床研究規模相對其他正規抗癌治療的臨床研究規模相距甚大，所以並不能視之為抗癌治療的主流。在美國，由於這些屬於保健產品，故不受美國食品藥物管理局（Food and Drug Administration, FDA）對產品成分及產品成效的定期檢視。直至現行為止，PSK 及 PSP 都並未獲 FDA 批准作為抗癌治療藥物使用。

不同類型的研究發現，蘑菇可以增強抵抗力，及有機會有抗癌功效，當中涉及蘑菇的不同營養成分，其中香菇多糖（lentinan）的主要成分高分子多醣（high-molecular-weight polysaccharides）、- β - 葡聚醣（beta-glucans）能夠刺激不同類型

的白血球細胞，從而提升抵抗力。實驗室細胞學及動物測試中，初步顯示有抗癌功效，但緊記，實驗室的實驗成效絕不能用作推斷對人體一定有效。

早前有研究數據顯示，每日進食 18 克蘑菇（大約兩粒中型大小的蘑菇），有助減少癌症風險約 45%，當中對乳癌風險的減少最為明顯。研究發現，蘑菇含有麥角硫因（Ergothioneine），是一種人類無法自行製造的抗氧化劑和抗消炎劑，雖然這個研究涉及總共 19500 名癌症病人的觀察研究（Observational study），在流行病學的角度來說，觀察研究得出來的結論，變數其實可以很大，因為這些研究未能非常有系統地分析在眾多病人的繁複日常生活飲食當中，如何斷定單純是蘑菇所引起的抗癌功效。服食蘑菇比較多的人，一般都是素食主義者，而素食的食材當中，亦含有大量抗氧化物，難以抽離只是食用蘑菇才能有這個效果。所以，在現行的癌症病人飲食建議當中，暫時未特別建議病人要每天進食蘑菇。

抗癌治療期間，是否適合服用靈芝雲芝的保健產品？

由於抗癌治療是非常複雜的，除了化療、電療，亦可以同時進行標靶及免疫療法，而且西方醫學的治療液具有毒性，尤其是

現行的抗癌治療，已經演變到有些病人需要同時使用化療、標靶，及免疫療法，對於保健產品含有濃縮成分的有效成分，在未有充分醫學理據、沒有抵觸複雜的抗癌治療的大前提下，一概而論的答法都是不建議的，因為醫生一般未能安心地排除高濃度的保健產品是否與具有毒性的抗癌治療有衝突。如果出現問題，醫生亦很難推斷究竟是西醫的治療過程出現副作用，還是共同使用西醫抗癌治療及保健食物所引起的額外副作用。

病人及家人之所以希望服食保健產品，是為了紓緩抗癌治療的副作用及增加治療成效；而作為醫者，大家的出發點都是一致的，只是我們希望確保治療順利。對於一些比較簡單的抗癌治療，而治療過程又相對順利的，如果病人及家人充分明白服食保健產品對抗癌治療有一些不確定因素，在大家可以承受風險的大前提下，透過持續監測病人身體及血液狀況，相信部分病人是可以安心服用這些保健產品的，但需要就着每位病人的狀況而定，所以這個答案並不是單純的可以或不可以，建議大家必須跟自己的主診醫生，就着自己的情況，討論是否適合服用這些類型的保健產品。

其實，除了保健產品，病人是有很多其他理想選擇的，雖然未能完全確定蘑菇能夠減少乳癌的情況，但從日常生活中攝取菇類食物，那不單止美味有益，而且經濟實惠，亦不需擔心會因進

食過量而影響抗癌治療進度，所以我一般都會建議病人可以進食多些菇類食品，從而增加抵抗力。要緊記，並不只有保健產品才能保健，健康的日常生活飲食習慣，才是最好的保健方法！

參考資料：

1. https://www.scmp.com/lifestyle/health-wellness/article/3135636/eating-two-mushrooms-day-could-lower-cancer-risk-45-cent/

2. https://academic.oup.com/advances/advance-article-abstract/doi/10.1093/advances/nmab015/6174025?redirectedFrom=fulltext/

3. https://www.cancer.gov/about-cancer/treatment/cam/hp/mushrooms-pdq#_128/

癌症病人能否服用褪黑激素？

失眠是癌症病人常見問題。失眠成因眾多，但如果是由病情引起，例如因氣喘或痛症影響睡眠，就需要透過腫瘤治療，才能治標治本地改善睡眠問題。在治療初期，未能反映即時效果，病人可嘗試以氧氣改善氣喘，或服用適當分量的止痛藥等方式改善問題。抗癌之路艱辛漫長，腫瘤病人除了承受身體的不適外，亦

會受情緒困擾，一旦出現焦慮、抑鬱等負面情緒，就需要服用適量血清素及鎮靜劑改善睡眠狀況。

大部分癌症病人如非承擔腫瘤引起的身體不適，或過分焦慮及抑鬱（負面情緒亦是導致病人失眠的成因之一）都抗拒服用安眠藥。一方面擔心長期服用安眠藥會上癮，同時又擔心會造成依賴，要加重服用劑量。經常有病人問：能否服用褪黑激素（Melatonin）改善睡眠質素？他們認為褪黑激素屬天然保健品，不會對身體造成太大影響及副作用，所以深受病人歡迎。

褪黑激素是一種在松果體中產生的激素，屬生理時鐘有關的荷爾蒙，主要在夜間合成和分泌，提升體內褪黑激素。服用約兩小時後，便有「睡意」，幫助入眠。褪黑激素目前在香港屬於保健類食品，而非醫療藥品，現時越來越多人服用褪黑激素改善失眠狀況，調整睡眠。褪黑激素一般在藥房便能購買，主要有3毫克、5毫克及10毫克三個劑量，一般建議初服者攝取2至3毫克分量，並在睡前一兩小時服用。大多數人服用後沒有不良反應，但有部分人可能出現頭暈、頭痛、嘔心或暈眩等徵狀。

初步科學數據顯示，褪黑激素有機會增強免疫系統功能，理論上亦有助增強抗癌效果。不過，要注意的是，暫時仍未有任何實質的醫學數據顯示褪黑激素有效對抗癌症，或能提升癌症治療

效果。同時，也沒有研究指出褪黑激素對癌症治療有負面影響，所以醫生一般不會反對病人服用，因為醫學界也強調癌症病人必須要有充分休息。

那麼，病人服用褪黑激素時有甚麼要注意的地方？

對癌症病人而言，褪黑激素的成效一般不會太顯著，因為腫瘤病人的身體情況比較複雜，身體及心理都受到多方面影響。另外，褪黑激素可能干擾抗凝血劑、免疫抑制劑、非類固醇消炎藥NSAIDs、血壓藥物及糖尿藥物，所以建議先和主診醫生就個別病理狀況商量是否適合服用。

在購買褪黑激素時，大家也要注意是否有添加劑。部分保健產品除了主要成分外，會加入不同的添加劑，如色素、調味劑、糖分等，也有褪黑激素添加了其他草本成分補充劑，令藥物有相互協調作用，成分十分複雜。如果服用後成效不大，「白吃」之餘，更會吸收其他添加劑，大家必須要多加注意！

大部分腫瘤病人都不喜歡以藥物改善睡眠，因為他們本身已需要服用大量藥物。有甚麼方法可以改善身體本有的褪黑激素呢？

1. 多做運動：有研究顯示，運動可以提升褪黑激素水平，亦可重整生理時鐘。

2. 適當的作息時間：培養良好的起床及休息時間，有助重整生理時鐘。如果夜睡遲起，只會不斷影響生理時鐘，導致惡性循環。

3. 下午五時後限制攝取咖啡因。

4. 睡前避免吃太飽、飲用酒精或吸收大量水分。

5. 睡前兩小時開始下調燈光亮度，睡房應保持寧靜、光線柔和、溫度適中，更可在睡前進行放鬆練習，如靜觀、冥想。避免閱讀、看電視、使用手機，所有光線，包括藍光也會減少自身的褪黑激素。

　　總括而言，絕大部分病情穩定、無需服用其他慢性疾病藥物的癌症病人，是可以適量服用褪黑激素的。一般醫生不會反對病人短期服用以改善睡眠，但如果成效未如理想，建議病人與主診醫生按照身體狀況及病歷，尋求改善睡眠的方法。良好的睡眠質素，有助提升病人的抵抗力，抗癌自然事半功倍。

參考資料：

https://www.cdc.gov/sleep/about_sleep/sleep_hygiene.html/

癌症病人扮靚靚之防曬攻略

作為一位愛美的女士，筆者一向着重防曬；作為一位腫瘤科醫生，我也經常提醒病人要做好防曬措施。

世衛轄下的國際癌症研究機構（IARC），已將紫外線輻射歸類為一級致癌物，亦是最高等級的致癌物；癌症病人使用的一些癌症藥物，特別是化療藥，有可能對皮膚造成影響，或會導致色斑或色素加深的問題，而曬太陽更會加劇其影響，故此，使用防曬產品實屬必要。不少病人會問：應如何選擇防曬產品？

其實，至今仍未有實際數據證明防曬產品的成分是否完全對人體無害。不過，風險較高的防曬成分倒是有幾個值得提提。首先是物理性防曬，通常含有氧化鋅（Zinc Oxide）或二氧化鈦（Titanium Dioxide），這些均是粉狀物質，當紫外線射到粉狀物質上，會反射或折射，藉此減少皮膚吸收紫外線，而這兩種成分均是 FDA 認可安全使用的物料。但要留意，近年出現一些名為納米配方的成分，由於現時缺乏相關科學數據，未能確認人體究竟會吸收多少這類物質，所以還是建議病人使用傳統防曬產品。

物理性防曬成分有可能阻塞毛孔，用在皮膚上可能會感到很黏，因此市面不少防曬產品會混合化學性成分，從而改善質

感。化學成分中，要留意是否含有二苯甲酮（Oxybenzone、Benzophenone-3、BP-3），雖然這是 FDA 認可的成分，但有可能引起皮膚過敏反應，吸收到血液中，並會模擬和發揮雌激素的作用。雖然未有正式數據指與乳癌有關，但最好儘量避免使用。

不可不知的防曬成分 |

1. 甲氧基肉桂酸辛酯（Octinoxate）：常用的防曬成分，能吸收紫外線 UVB，但有可能擾亂荷爾蒙，導致皮膚老化。

2. 棕櫚酸維他命 A（A Retinyl Palmitate 或 Vitamin A Palmitate）：可能加速皮膚腫瘤細胞生長。

3. 甲基水楊醇或胡莫柳酯（Homosalate）：可能對激素有影響，產生有毒代謝產物。

4. 奧克立林（Octocrylene）：可能破壞細胞導致突變。

5. 對羥基苯甲酸酯防腐劑（Paraben Preservatives）：十分常見，但可能會誘發過敏反應。

有人質疑，這些化學物質是乳癌發病率上升的元凶，但確切關係，尚待進一步研究證實。

最後，來個溫馨小提示，防曬產品的度數要超過 SPF30 才可

保護皮膚，而且每兩小時需要補塗足夠分量，以減低患上皮膚癌的風險；正確使用防曬產品，而防曬產品又安全的話，對大家有利而無害。

癌症病人可否使用醫美療程？

隨着醫學發展不斷進步，癌症病人的壽命不斷延長，完成癌症治療後保持外表美麗是非常重要的，因為美麗的外觀可以令女性病人更加自信，心情更好，能間接提升免疫力，亦有機會增加抗癌功效！所以，在安全的情況下，癌症病人其實可以在適當時使用部分醫美療程。最理想是完成治療後，白血球及血小板數量正常的時候，因為白血球過低，容易細菌感染；血小板過低，會容易有出血的風險。

關於醫美療程的疑惑，最多病人問及扁平疣。其實，疣的位置在皮膚角質層表面，只要透過一般簡單的皮膚激光治療便能有效處理，而且傷口亦不是大問題。第二多癌症病人需要注意的問題，是色斑。病人在治療腫瘤期間壓力大、休息不足引致肝鬱，容易引發荷爾蒙斑（肝斑）在臉上。其實處理斑點，要視乎深淺程度，不同深淺使用不同療程。有些情況，例如雀斑，便使用激光比較理想，但是透過激光處理荷爾蒙斑，有機會使其更黑，所以反而

建議外用壬二酸、維 A 酸，或維他命 C 藥膏，先減低色素，再考慮用激光處理。亦有很多病人完成肝癌療程後皮膚鬆弛，需要一些緊膚療程。例如患鼻咽癌的病人在完成電療後，一般都會出現雙下巴的情況，這些都不是復發的問題，而是淋巴水腫的問題，適合使用一些緊膚療程——但要小心，電療後的皮脂腺及骨膠組織分佈受到影響，所以再選擇治療的位置及治療能量時，需要比較保守。

　　大部分醫美療程如激光去疣、激光去斑，緊膚療程如射頻或者超聲波等，至今仍未有醫學數據顯示會激活癌細胞會促進復發或致癌，所以腫瘤病人都適合使用——但要小心注意，如果是在電療過的皮膚範圍內進行醫美程序的話，由於皮膚結構受到電療破壞，進行這些程序時要非常小心，因為這些程序涉及「甜心點」，以打網球作比喻，要擊中球拍的「甜心點」才能成功打球。同一道理，醫美程序需要準確擊中「甜心點」才能安全地帶出治療效果。接受過電療的皮膚「甜心點」，範圍非常小，那容許能量使用的錯誤便會越少，所以很容易會出現燒傷的情況。如大家要進行這些醫美療程的話，建議由皮膚科醫生處理，因為皮膚科醫生比較容易了解病人的整體狀況，選用適當的能量來做醫美療程，能減低風險。

皮膚科醫生不建議癌症病人使用填充劑注射方式的醫美療程，例如注射透明質酸及骨膠原等，因為癌症病人的抵抗力比較弱，皮膚也比較脆弱，在國際指引下，以上提及的療程並不是完全不建議，只是要非常非常小心！因為注射了這些物料在皮膚裏面後，由於抵抗力比較弱，細菌感染的風險就會提高，所以，似乎風險大於益處。但是，如果是一些非常簡單的物料注射，例如 Botox 去皺（肉毒桿菌），已經有很多大型研究顯示對腫瘤病人沒有額外影響，所以不用太擔心。

總括而言，癌症病人完成治療後，在適當時經皮膚科醫生檢查後安排適合而又低風險的醫療程序，益處大過害處，而且未有數據顯示會影響癌症復發。

特別鳴謝：皮膚科專科醫生 Dr. Steven Loo（盧景勳醫生）

癌症香薰治療有用嗎？

癌症病人大都會因病情而出現不同症狀，例如關節痠痛、咳嗽、氣喘、便秘等，同時治療癌症或多或少會使用一些具有毒性的治療，或會為癌症病人帶來副作用，例如標靶治療有機會引起皮疹，化療又會引起嘔吐、掉髮、肌肉麻痺，導致許多病人除了本身治療的藥物外，還要使用輔助藥物去紓緩治療引致的副作用。

不過，身體吸收得太多藥物，除了會增加器官的負擔外，還會增添病人的心理壓力，所以不少病人都希望尋求一些另類紓緩方案，以減少對藥物的倚賴。

近年，越來越多病人使用香薰和精油療法，聲稱藉着藥物以外的方式，改善因病情和治療而引致的副作用，這會否是癌症病人減輕治療副作用的另一途徑？

甚麼是香薰療法？ |

香薰療法是使用植物精油作為媒介，透過進行按摩、浸浴、薰香等方法，將從植物萃取的精油進入身體，達到改善身心的目的。香薰療法可以與其他療法，例如按摩、針灸，及標準藥物一起使用，當中會使用許多不同類型的精油，包括洋甘菊、薰衣草、茶樹、薑、佛手柑等，每種精油含有不同的化學成分，因而其氣味、使用方式及對人體的影響也有不同的效果。

大部分使用香薰療法的癌症病人，都希望能改善生活質素，及減少癌症及治療引起的壓力、焦慮、疼痛、噁心和嘔吐等症狀。

醫學角度——研究數據不足

許多對香薰療法有興趣的癌症病人也會很想知道，究竟香薰

療法是否適合癌症病人使用？以及真的可以紓緩癌症症狀和治療的副作用？

　　首先講解一下，癌症病人最常使用的治療是電療和化療，而這兩種治療都會導致一些副作用，例如胸悶、作嘔、嘔吐、暈眩、遲鈍、便秘、手指和腳部刺痛等。某些種類的精油被認為具有抗炎作用，可能有助改善關節炎和肌肉疼痛；有些精油可能幫助減低感染風險；有些精油可能幫助減少焦慮，解決睡眠問題；亦有些精油可能幫助改變心跳或呼吸速度，從而令人感到平靜或興奮。透過皮膚按摩或呼吸將精油吸入人體，可能可以引起身體反應，達到紓緩身心的效果。

　　一直以來，有很多研究嘗試證明香薰療法可以有效減輕癌症治療的副作用。2016 年一項外國研究比較了使用香薰療法配合按摩的癌症病人和只使用按摩的病人，看他們的症狀有沒有得以減少。雖然研究顯示，香薰療法配合按摩對紓緩壓力、焦慮、痛楚方面有較積極的影響，但由於數據不足，因此難以證明香薰療法對紓緩癌症副作用有實際作用。另一方面，亦有不同研究分析不同類型的植物油：

1. 荷荷芭油和玫瑰果油可否減少電療對皮膚的影響？數據不足。

2. 薑、薰衣草、橙和荷荷芭油是否可以緩解由化療引起的噁心、嘔吐、焦慮、疲勞、失眠、食慾不振等症狀？數據不足。

3. 曾經有研究發現，吸入檸檬和薑味的香薰精油，可以增加唾液分泌，有助減少放射性碘治療對唾液腺的傷害。不過單靠這次的研究，有關數據始終不足以作出實質建議，證明香薰精油可以真正有效減少癌症治療副作用。

心理角度——香薰治療配合按摩可增進感情

作為腫瘤科醫生，我認為如果病人本身對某些香薰精油沒有過敏反應，加上那些精油對病情是無害的話，其實一試無妨。很多時候，香薰療法都需要利用按摩手法配合，我非常鼓勵癌症病人的伴侶或家人可以幫助病人進行一些按摩動作，雖說精油按摩的作用仍有待商榷，但通過為病人按摩，絕對可以帶來心靈上的支持，增進大家的感情。生活在融洽的環境，相信也有治療的力量，配合治療，可以令療效事半功倍。

其實香薰療法是一門非常艱深的學問，很難以簡單的篇幅告訴大家香薰治療「有」或「沒有」實際效用。不過作為醫生，我也非常樂意和大家分析一下：究竟哪些類型的另類療法適合癌症病人使用？而這些療法對病人又有甚麼好處或壞處？

站在醫生的立場，最主要的關切點是，香薰療法會不會有機會令病情惡化，或者引起過敏反應等其他副作用。不過，由於精油的種類實在非常多，哪些精油是癌症病人可以使用和不能使用，難以一概而論，所以一般會建議使用香薰療法的癌症病人使用一些常用的香薰精油，例如薰衣草、洋甘菊、檸檬等。

如果大家從某些途徑得知一些另類的香薰治療，而且要使用比較不常見的精油，最好還是先諮詢醫生或合資格香薰治療師的意見。

香薰精油或會引致皮膚敏感、氣管發炎

使用香薰治療的癌症病人，大部分的目的都是希望能配合電療、化療，以減少副作用，但大家必須留意，暫時仍未有實質數據顯示香薰療法可以治療癌症和預防癌腫，各位病人亦不應該以香薰療法作為主要治癌的方法。同時，即使使用香薰療法配合治療，也要適當選擇精油，以及要從有信譽的店舖購買香薰精油和儀器，因為不同的製造商提供的精油製造方法可能有所不同，以致其所發揮的效用也會有所差別。除了要留意香薰精油會不會加重病情外，也要考慮病人本身可不可以承受香薰治療，有些病人會對某類香薰產生過敏反應，例如塗在皮膚上的精油有機會引致皮膚發炎，又或者透過霧化香薰機釋放出來的香薰也有機會引致氣管發炎。

香薰治療成效暫未被肯定——使用精油要注意

市面上有些香薰精油聲稱可以讓病人、甚至小朋友飲用，這是絕對不建議的。因為香薰精油對治療癌症和在安全層面上的科學理據，暫時仍非常薄弱。過去有些案例顯示，因為患者長期在皮膚使用精油而引致皮膚出現過敏；如果在曬太陽之前使用某些精油，亦可能會使皮膚對陽光更加敏感，更大機會造成曬傷；甚至有些精油有機會加劇電療的反應。因為每個人對精油的反應都不同，所以在使用每一種精油之前，建議嘗試先塗少量在皮膚上和嗅一下，看看會不會出現不良反應，沒有問題才繼續使用。

癌症病人面對病情及治療所帶來的副作用，其中構成的壓力非旁人容易理解，而且透過藥物去紓緩由藥物引起的副作用，實在對病人的身心都會造成龐大負擔。雖然香薰療法的效用現在仍在研究中，但如果有藥物以外的方式，可以令病人容易接受之餘，同時紓緩症狀，相信各位病人都會樂意嘗試，令抗癌日子變得與從前不一樣。

常做運動，助康復，減復發

運動的好處毋須多講，而大部分人也知道運動有益健康，惟願意實行的人卻很少。

有些乳癌患者往往覺得自己仍未復原，擔心做運動有害無益。其實，多做運動有助康復，尤其可對抗病後及治療帶來的虛弱感，能提升生活質素和改善情緒。

臨床上，超過九成接受電療及八成接受化療後的乳癌患者都有虛弱無力的情況，即使有足夠休息，無力感始終揮之不去，令病人十分困擾和無奈。暫時並無藥物可以改善這種虛弱狀態，但近年的數據反映，持續運動可能是針對虛弱的最好處方。

與醫生商討，選取合適運動

根據美國的指引，大部分癌症復康者都適合運動，最理想是每星期有 150 分鐘的中強度運動，或是 75 分鐘劇烈運動，亦可以選擇做一些負重運動。大家要明白，運動不一定要跑馬拉松，簡單的散步和拉筋也是運動。若長時間因患病而足不出戶，對康復毫無益處。

香港醫生的診症時間往往不足，以致容易忽略運動這項「處方」。其實，醫生宜儘量與病人商談，鼓勵他們多做運動，讓他們明白運動對復康的重要。當然，醫生在討論期間，應該詳細檢視病人的狀況和限制，例如手術後出現手腫，運動時便要作出調整，可能需要轉介物理治療或職業治療跟進，以便選取合適的運動。

另外，很多機構都有推出適合癌病康復者參與的運動班，既有專家指導，亦可認識更多朋友，擴闊生活圈子。

改善情緒，提升生活質素

我不時也見到病人參與運動後，睡眠質素大有改善，情緒亦變得穩定，連帶與家人的關係都變得更和諧，可見運動能夠為病人帶來很多正面改變。

再者，當病人投入運動及社交生活時，思想會較為正向，而且少了時間胡思亂想，不再時刻擔心病情復發，對身心都有莫大好處。

從成本效益的角度來說，運動更加是一項十分划算的治療，成本低、效率高，而且簡單方便，可隨時隨地進行，對健康的好處比進食再多補品為佳。只是，很多人忽略了這種不用花錢的治療及預防措施。

均衡飲食，遠離煙酒

根據外國研究，經常運動可控制體重及脂肪量，有助降低女性荷爾蒙水平，從而減低罹患乳癌及復發的風險。亦有研究顯示，透過保持體能活動，例如每星期保持平均步行三至四個小時，可有助減低乳癌的死亡率。

除了運動之外，癌症康復者亦要戒煙戒酒，至於飲食則與一般人無異，以均衡為原則，多進食蔬菜，避免油膩、高糖分、高鹽分的食物。至於一些被認為可能致癌的食物，如紅肉、煙燻、燒烤或醃製的食物，亦應儘量避免。

身體檢查、驗血篩查腫瘤可行嗎？

最近，在不同類型的廣告都看到一些體檢機構宣傳只需簡單驗血，便能一次過篩查多種腫瘤，而且非常準確，實情是否這樣呢？

2016 年，有女版喬布斯之稱的美國年輕女生 Elizabeth Anne Holmes 創辦血液檢測公司，標榜簡單驗血便能篩查癌症，吸引大量資金投入，公司估值多達 90 億美元。她因此而曾被《福布斯》評為全球最年輕、白手興家的女億萬富豪，可想而知全球都對這些神奇測試趨之若鶩。但是，神話破滅後，隨機變成全球震驚的世紀騙案。她被起訴多宗行騙罪名，代表地球上還未有那些神奇測試。

雖然神話破滅，亦被傳媒廣泛報道提醒市民大眾，但仍有大量體檢機構推廣這些概念，大眾亦非常受落，原因非常簡單——大家都希望透過簡單的化驗便能得知身體的一切，及早防範。但是，現在的科技還未做到「多啦 A 夢」級別的法寶，大家絕對要小心！

2004 年，醫學人員首次發現在乳癌病人身上檢測到血液循環癌細胞，這些細胞的數量似乎跟乳癌復發及整體存活率有關，但至今仍未有進一步大型醫學數據能夠核實及被廣泛使用。

2021 年 6 月，《Annals of Oncology》期刊刊登了一篇醫學研究，透過化驗血液中的游離 DNA——Cell free DNA（細胞死亡後釋放出血液的 DNA）進行測試，制定一個基因圖譜作篩選腫瘤之用。這個研究涉及人數為 4,077 人，整體癌症信號偵測的敏感度為 51.5%（49.6% 至 53.3%），而測試的敏感度會隨着病情的嚴重程度增高——第一期：16.8%（14.5% 至 19.5%）、第二期：40.4%（36.8% 至 44.1%）、第三期：77.0%（73.4% 至 80.3%）、第四期：90.1%（87.5% 至 92.2%）。研究發現，當中十二種腫瘤——肛門癌、膀胱癌、大腸癌／直腸癌、食道癌、頭頸癌、肝癌／膽管癌、肺癌、淋巴癌、卵巢癌、胰臟癌、胃癌、多發性骨髓瘤——第一期至第三期偵測的敏感度比較高 67.6%（64.4% 至 70.6%），但是其他常見癌症如乳癌、前列腺癌及子宮體癌偵測的敏感度相對低，為 11.2% 至 30.5%。雖然這篇醫學文獻非常吸睛，相信將來能夠輔助現行身體檢查的盲點，但需要進一步相關的醫學研究、進一步核實其準確度，所以現行階段並未能推廣作正式體檢用途。

說到這裏，大家不難發現，化驗血液其實可以非常複雜，從

前化驗的只是癌指數，說的是一般血液裏面大家都有的血蛋白，由於假陽性及假陰性的機會率高，絕對不適合用作癌症篩查用途。但現在被推廣的是另一個層次的化驗，透過化驗血液循環癌細胞，血漿中的癌細胞 DNA（ctDNA）以及細胞遊離 DNA（cfDNA）作進一步分子分析，是現行科技的大趨勢。這些技術常被腫瘤科醫生用於確診癌症病人的用藥建議，所以直至現行為止，癌症篩查並未有任何捷徑，國際認可的做法仍然是根據病人的風險、臨床症狀、不同年紀安排不同系統的血液及影像檢查，如有任何可疑，需要透過活檢的方式確診，才能確定下一步做法。或許假以時日，時機成熟之時，這些技術的而且確可以幫到大家，但現在還未是最佳的時機，大家要緊記！

參考資料：

1. https://www.annalsofoncology.org/article/S0923-7534(21)02046-9/fulltext/

2. https://www.ncbi.nlm.nih.gov/pmc/articles/PMC6769853/

全球華人
乳癌組織聯盟
Global Chinese Breast Cancer
Organizations Alliance

費用全免

我們是粉紅天使

燃點自己，照亮別人！
以生命影響生命！
是粉紅天使的任務！

全球華人乳癌組織聯盟

香港註冊非牟利慈善團體，以支援乳癌患者、推廣乳健教育及指導如何防範乳癌為宗旨。

「粉紅天使」是由一群充滿愛心的乳癌康復者組成的義工團隊，為乳癌病友提供免費化療陪診及支援，以減低他們在療程中的恐懼和憂慮。

服務宗旨 - 以過來人身份，透過分享、
　　　　　陪伴、聆聽支援乳癌病友。
服務對象 - 需要接受治療的乳癌病友。

粉紅熱線：3618 8330
*陪診服務敬請於5個工作天前預約。
少於5天要視乎義工安排。

服務

粉紅天使化療陪診
乳癌康復者以過來人經驗陪伴及支援患者，減低他們的恐懼和憂慮

粉紅群組 —— 粉紅WhatsApp 鬆一鬆
以病人為中心的貼身支援群組，透過分享互相支持及鼓勵傳送正能量

粉紅聊天室
為新確診及正在接受治療的0-3期乳癌病友而設的紓壓小天地。透過聆聽及分享心路歷程，幫助病友梳理負面情緒，積極面對治療

粉紅熱線
透過電話，聆聽及關懷病友，協助病友解決疑難

加油聊天室
專為4期及復發乳癌病友而設的紓壓小天地。由社工帶領，鼓勵病友化解鬱結，勇敢面對困難

粉紅學苑
定期舉辦關顧身、心、社、靈的復康療癒綜合活動及乳癌講座

**所有服務均是免費，領取綜緩、長者、新來港人士、單親之乳癌病人優先

全球華人
乳癌組織聯盟
Global Chinese Breast Cancer
Organizations Alliance

🌐 www.gcbcoa.org

「粉紅熱線」 3618 8330

淋巴水腫服務
淋巴水腫指數測量

已經正式投入服務，各位會員可以預約喇！

服務類別
- 淋巴水腫指數測量
- 淋巴水腫紓緩
- 紓緩機租借服務

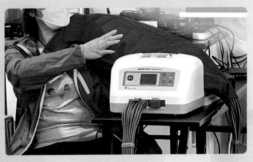

由註冊護士提供服務

對象：粉紅之友
- 低收入人士、單親家庭或領取綜援之乳癌病友可獲免費
- 「粉紅之友」會員可優先預約

地點：荔枝角大南西街 609 號
永義廣場 29 樓 C 室

f 請讚好

▶ 請訂閱

◎ 請追蹤

Whatsapp
預約及查詢 **6317 2341**

乳癌瑣碎事

出版人	陳易廷
作者	黃麗珊醫生 周芷茵醫生
總編輯	王天鳳
總經理	馬穎琪
執行編輯	Squidward
封面設計	4res
公關推廣	陳泳嫥 @ 雅寶（國際）工作室

出版及發行	百寶代指媒（推廣）文化事業有限公司
地址	新界荃灣柴灣角街 83 - 93 號 榮興工業大廈 22 樓 1 室
電話	+852 2498 0178
傳真	+852 2498 0208
電郵	info@4448.com.hk

出版日期	2022 年 7 月初版
國際書號	978-988-78927-6-2
定價	港幣 $88 台幣 $350

* 感謝黃麗珊醫生及周芷茵醫生無私支持，延續愛心，本書收益將全數用於支持全球華人乳癌組織聯盟「粉紅天使」服務。